口絵1 鯛の舟盛り

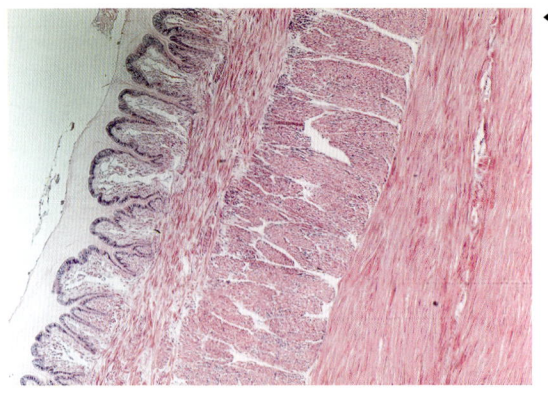

◀ミルクイ
方向性の異なる3つの筋線維層がはっきりとみえる。

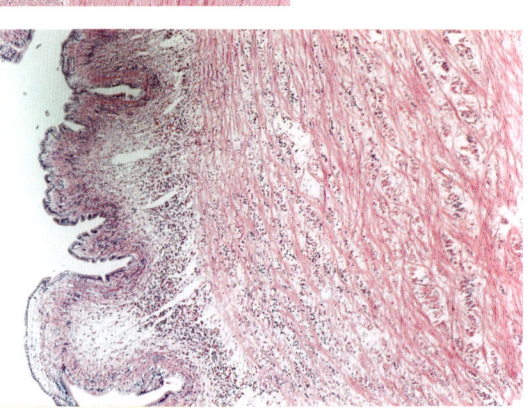

ナミガイ▶
筋線維はミルクイほど密集しておらず、方向性もない。

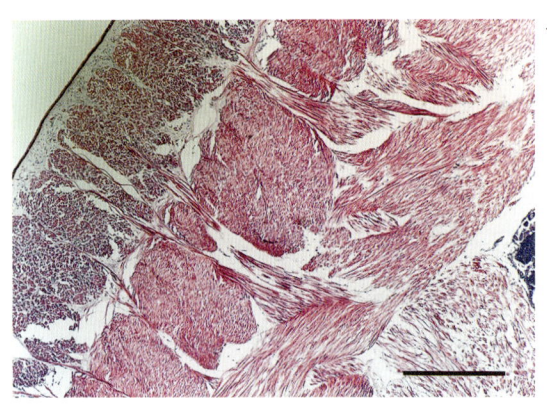

◀トリガイ
表層から奥まで貫く筋線維が走り、強固な構造となっている。

― : 500μm, ヘマトキシリン・エオジン染色

口絵2　ミルクイ, ナミガイ, トリガイの水管の組織構造（横断面）

(p.61, 写真3-11) (笠松千夏, 2004)

ミルクイ▶
コラーゲンはほとんどない。

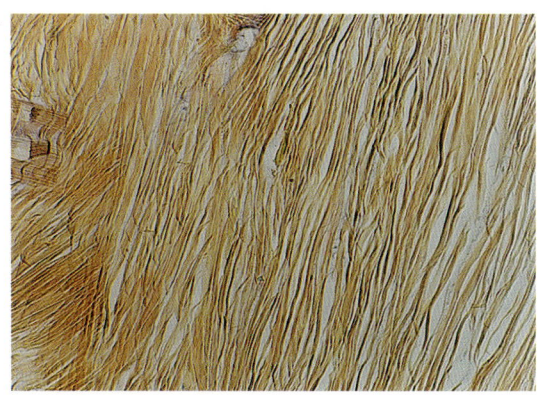

◀ナミガイ
コラーゲンがいくらかある。

アワビ筋肉▶
コラーゲンが多い。

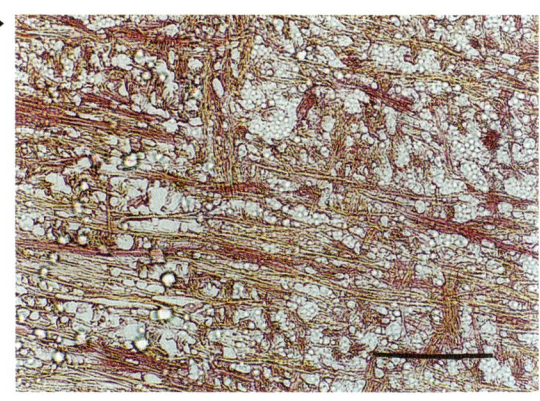

―：100μm，アルデヒドフクシン染色（コラーゲンは赤く染まる）
口絵3　ミルクイ，ナミガイ水管とアワビ筋肉中のコラーゲン（縦断面）
(p.63，写真3-13)（笠松千夏，2004）

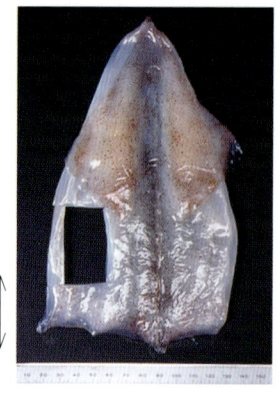

体軸方行 ↑↓

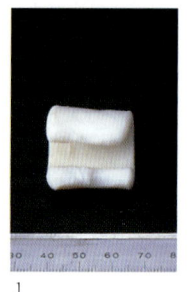 

1　　　　　　　　2

A．表皮の第3，4層のコラーゲン繊維の存在により，表側に著しく湾曲する。

  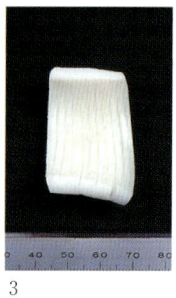 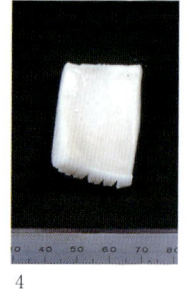

1　　　　　　2　　　　　　3　　　　　　4

B．表皮の第3，4層および内皮のコラーゲン繊維の存在により，表側にわずかに湾曲する。

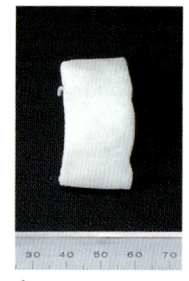 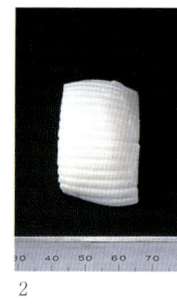 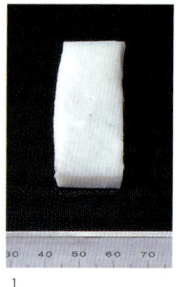 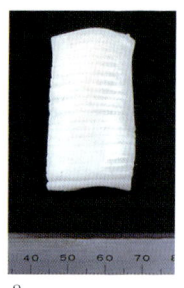

1　　　　　　2　　　　　　　　1　　　　　　2

C．内皮のコラーゲン繊維の存在により，　　D．湾曲しない。
　内側に湾曲する。

　表皮の第3，4層および内皮のコラーゲン繊維は体軸方向に走っている。加熱によってコラーゲン繊維は大きく収縮し，イカ肉は湾曲する。

口絵4　イカ胴肉の加熱による収縮（p.70，写真3-14）

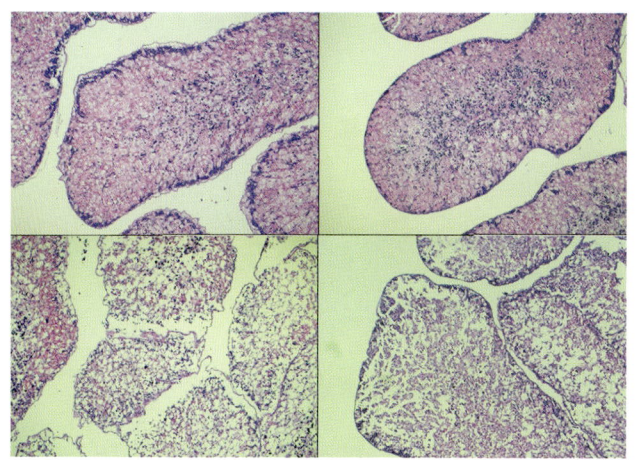

左：海水処理ウニ　右：ミョウバン水処理ウニ

口絵5　0日（上）および7日間（下）貯蔵したキタムラサキウニ断面の光学顕微鏡写真（p.77、写真3-17）

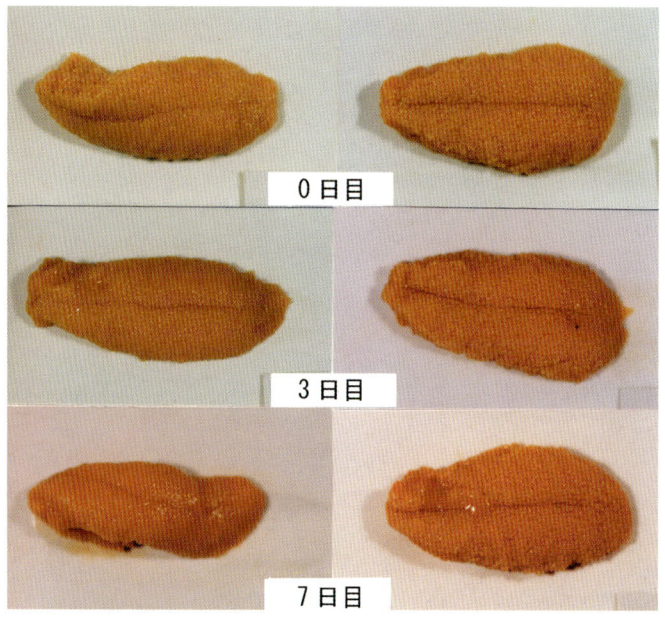

海水処理の方が、ミョウバン水処理をしたものよりも身どけが早い。

口絵6　キタムラサキウニの海水処理（左）とミョウバン水処理（右）の外観変化（p.77）

◀口絵7
さしみの盛り合わせ

口絵8 ▶
ヒラメの薄作り
(p.91, 写真4-5)

◀口絵9
タイの皮霜作り
(p.92, 写真4-6)

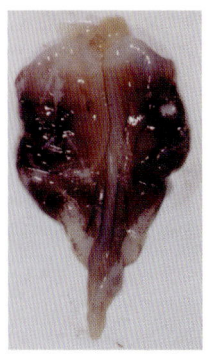
生トリガイ

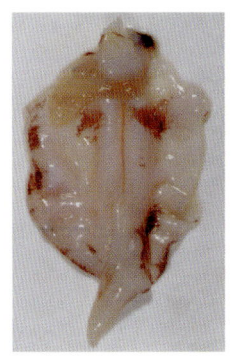
生トリガイ
手で触るだけで簡単に色素がはがれる。

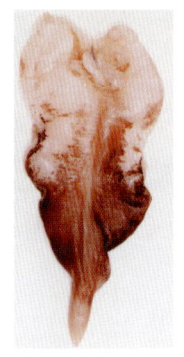
加熱トリガイ
短時間の加熱で色素は定着している。

口絵10　トリガイの黒紫色色素の変化（p.93, 写真4-7）

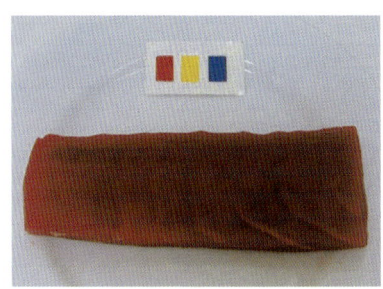
◀冷蔵緩慢解凍
　2℃　24時間後

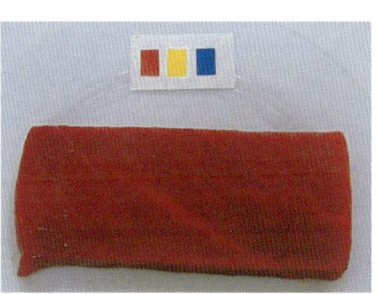
電子レンジ解凍▶
　2℃　1時間後

◀温塩水解凍
　2℃　3時間後

口絵11　冷凍マグロの解凍（p.100, Study 11）

◀口絵12　クルマエビのあらい
(p.105, 写真5-3)

口絵13　ズワイガニ脚肉のあらい▶
(p.107, 写真5-4)

酢のみでしめたアジ　　　　　　　　塩と酢でしめたアジ

口絵14　アジの酢じめに及ぼす塩じめの影響 (p.122, 写真5-14)

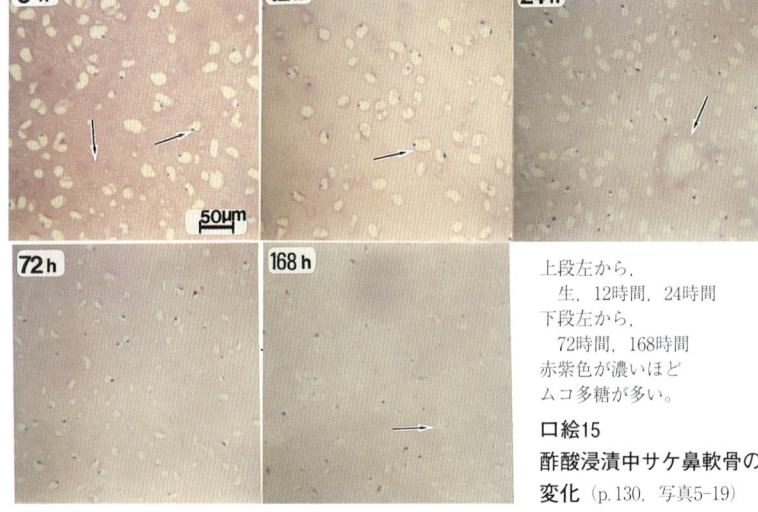

上段左から，
　生，12時間，24時間
下段左から，
　72時間，168時間
赤紫色が濃いほど
ムコ多糖が多い。

口絵15
酢酸浸漬中サケ鼻軟骨の
変化 (p.130, 写真5-19)

ベルソー ブックス
Verseau Books
023

さしみの科学
―おいしさのひみつ―

お茶の水女子大学名誉教授
和洋女子大学教授
畑江敬子 著

成山堂書店

©2006　株式会社 成山堂書店

本書の内容の一部あるいは全部を無断で複写複製(コピー)することや他書への転載は，法律で認められた場合を除き著作者および出版社の権利の侵害となります。成山堂書店は，著者から複写複製及び転載に係る権利の管理につき委託を受けていますので，その場合はあらかじめ成山堂書店(03-3357-5861)あて許諾を求めてください。

はじめに

　初めて訪れた土地の食品市場やスーパーマーケットへ行くと，ワクワクする。日本国内でも外国でも同じである。旅行の楽しみは人によってそれぞれと思うが，どうやらこれは私だけではないらしい。

　私は調理学を専門にしているので，同じ仲間と外国へ旅行すると，必ずそこのスーパーマーケットへ行く。その地域の人々が，どんなものを食べているのか興味津々なのである。外国へ旅行するチャンスがそんなにあるわけではないが，野菜，果物，魚介，肉，ハム，チーズ，パン・ペストリー，菓子，テイクアウト総菜などを見ていると，日本と同じ物を見つけたり，日本では見られない食材の種類の多さに驚いたりする。とくに魚介類の扱いは日本の常識とはかなり違う。

　カリフォルニアのスーパーマーケットでは，魚はどれもが表皮をとられ三枚におろされた状態で売られていた。これではナマズもタラも同じ白身魚にしか見えない。お客は区別がつくのか，それともその必要はないのだろうか？　フランスではギルビネックという海辺の町の魚市場をのぞいてみた。日本の小都市の市場とあまり変わらないが，やはり水揚げされる魚は少々違う。ドイツとの国境近く，ライン川のほとりにある内陸部の町ストラスブールの朝市に行った。肉屋は何軒もあって賑やかなのに，魚屋はわずかでお客も少ししかいない。魚は金曜日に食べるというキリスト教の習慣のせいだろうか。オランダのハーグでは海辺のレストランで若い女性がかかえるようにして

鍋一杯のムールガイを平然と食べていた。これが一人分というから驚く。モスクワではチョウザメのなが一いのが何本も並んでいた。キャビアの親が売られるとはさすがロシアである。シンガポールではマダイを一回り大きくしたような魚の頭だけを売っていた。フィッシュカレーにするということである。中国料理の草魚もここではありふれた魚であった。

　しかし，どの国も日本の魚市場や小売りの魚売り場には及ばない。売り場面積の広さ，魚介の種類の多さ，さらには食べ方の多様さは日本が一番である。東京中央卸売市場，通称築地の魚市場は外国人が見学・観光に訪れる名所となっている。多分欧米人が日本にきたら，肉類の種類と食べ方のバリエーションがないことに，同じような感想を持つことだろう。

　日本人は昔から海の幸の恩恵を受けてきたが，それでも今ほど豊富に魚介類を食べられたわけではない。養殖・冷凍・輸送などの技術が発達した比較的最近になってからである。今日，海から離れた地方でも，全国どこでもおいしい魚介を食べられることに感謝したい。

　新鮮な魚介類を生で食べるという食文化は，日本人の食生活で際立った特徴といえる。魚食の良さがあらためて見直されている今，さしみの科学を考えてみたいと思う。

平成17年9月

著　　者

はじめに　*iii*

ストラスブールの市場の魚屋

モスクワの市場ではチョウザメも売られている

目　次

はじめに

第1章　魚の生食―今昔―　*1*

1-1　万葉集に詠まれていた生魚の調理 ………………… *2*
1-2　各国の生食料理―国際的な料理になったすし― …………… *3*
1-3　生の魚介類でサラサラ血液に ………………… *7*
(1) さしみはEPA・DHAの宝庫　*7*
(2) エキスの機能性成分　*9*
(3) 貝類にも老化防止・生活習慣病予防効果　*9*

| Study 1 | 水産物の分類と呼び名　*10*

第2章　魚介類の鮮度　*13*

2-1　魚の「活き」の保持と適した調理法 ………………… *14*
(1) 活きが良いほど価値が高い　*14*
(2) 鮮度保持に適した温度　*15*

2-2　鮮度の測り方 ………………… *17*
(1) 経験的な見分け方　*17*
(2) 鮮度判定シートで測る　*18*
(3) 機器で魚の硬さを測定する　*19*
(4) 魚の鮮度は「K値」でわかる　*21*
(5) 「腐っても鯛」をK値で確かめる　*23*

| Study 2 | K値以外の鮮度の測り方　*24*

2-3 魚の鮮度と肉の硬さ ……………… 26
(1) 魚の筋肉の構造　26

Study 3　筋肉の種類　29

(2) 筋肉軟化のメカニズム①—タンパク質の分解　29

Study 4　筋原線維の主なタンパク質　31

(3) 筋肉軟化のメカニズム②—コラーゲンの変化　32

第3章　おさしみを科学する　36

3-1 生の魚は「味」より「テクスチャー」……………… 36
(1) なぜ魚介類は生で食べられるのか　36

(2) 生食はテクスチャーが重要　38

3-2 活けしめ後8時間が一番おいしい ……………… 39

3-3 魚種別のテクスチャーとコラーゲン ……………… 40

3-4 魚介類の旬 ……………… 44
(1) 俳句と魚介類の旬　44

(2) 魚介類の旬と脂ののり　45

Study 5　出世する魚たち　47

(3) マガキ，ホタテガイの旬　48

Study 6　ホタテガイとイタヤガイ　51

(4) アワビの旬　52

Study 7　古くから食用とされた貝　56

3-5 貝のテクスチャーと筋肉の構造 ……………… 56
(1) 旬のアワビの組織構造　57

(2) ミルクイ（ミルガイ）と代替品ナミガイのテクスチャー　57

3-6 イカの筋肉構造とテクスチャー ………………… 63
(1) アオリイカ，スルメイカ，ヤリイカのおいしさ対決　63
(2) イカの貯蔵とテクスチャー　64
(3) なぜ焼きイカは反り返るのか　68
(4) イカの体色の死後変化　71
(5) さきイカになる筋肉構造　73

3-7 生ウニを長持ちさせる ………………… 74
(1) 生で食べるのは日本だけ　74
Study 8　アリストテレスの『動物誌』　75
(2) ミョウバン水処理で長持ちする生ウニ　75

3-8 珍味！ ナマコとホヤ ………………… 77
(1) ナマコは冬が旬　77
(2) 夏が旬のホヤ　78

第4章　さしみ　81

4-1 さしみの語源 ………………… 82
4-2 さしみに切る ………………… 83
(1) 魚の種類と切り方　83
(2) コラーゲンとテクスチャー　84
4-3 さしみ包丁 ………………… 86
Study 9　包丁は伝説の名人の名？　88
4-4 さしみの盛り付け―合理的かつ美しく― ………………… 89
4-5 加熱して作るさしみ―霜降り，湯振り― ………………… 91
4-6 さしみの「つま」と「けん」 ………………… 94
Study 10　ワサビや大根おろしを辛くする方法　96

4-7 さしみのパートナー「醤油」 …… *96*
4-8 さしみのおいしい食べ方 …… *98*
　Study 11　冷凍マグロのおいしい解凍　*99*

第5章　あらい，たたき，すし　*101*

5-1　あ ら い …… *102*
(1) あらいになる魚介　*102*
(2) 洗う水の温度　*103*
(3) 急速凍結―解凍の硬直で作るあらい―　*107*
(4) なぜあらいになるのか―収縮のメカニズム―　*109*

5-2　た た き …… *113*
(1) カツオのたたき　*114*
　Study 12　江戸時代のカツオの食べ方　*115*
(2) アジのたたき　*116*

5-3　す し（鮓，鮨） …… *116*
(1) すしの原点は発酵食品―なれずし，いずし―　*116*
(2) 酢飯を使う早ずし　*117*

5-4　酢でしめる魚介類 …… *121*
(1) なぜ酢でしめるのか　*121*
(2) しめさば　*124*
(3) ひず（氷頭）なます　*127*
　Study 13　サケ軟骨の組成の変化　*131*

第6章　魚介類の高付加価値化とトレーサビリティ　*133*

6-1　魚介類の高付加価値化とブランド魚 ······················ *134*
　Study 14　ブランド魚の定義　　*136*
6-2　トレーサビリティと IC タグ ······················ *137*

おわりに ················ *142*
参 考 書 ················ *144*
索　　引 ················ *145*

第1章
魚の生食―今昔―

海外にも進出するすし店

1-1 万葉集に詠まれていた生魚の調理

　日本は世界でも有数の海の幸に恵まれた島国である。また，歴史的には陸上動物の殺生がタブーとされた時期もあった。そのため，私たち日本人にとって，魚介類は古くから動物タンパク質の重要な供給源となって今日に至っている。厚生労働省が毎年行っている国民栄養調査でも，日本人1人1日当りの2003年の摂取量は，魚介類が94.0gで過去30年間，ほとんど変化していない。肉類は76.3gであり，魚介類より少ない。日本人の魚介類摂取量はFAOの2001年Food Balance Sheetによると，モルディブ，アイスランド，ポルトガル，キリバスに次いで5位である。このように日本以外にも漁業の盛んな国はあるが，わが国の特徴的なことは，魚介類を好んで生で食べる習慣があり，さしみ，なます，酢の物，たたきなど，そのための料理方法がいくつもあることである。

　現在ほど流通，冷凍技術などが発達していなかった時代でも，魚介の生食はさしみ，すし，酢の物など，しばしばハレの日の料理として食べられてきた。さしみがなかったら会席料理はなりたたないといってもよい。

　万葉集にはつぎのような歌が詠まれている。

　　醤酢（ひしお）に　蒜（ひる）つきかてて　鯛ねがふ
　　　吾になみせそ　水葱（なぎ）のあつもの

　鯛を細く切った膾（なます）に大蒜（にんにく）をつき混ぜた酢味噌をつけて食べたい，といっているのである。奈良時代に生魚の調理が行われていたことがわかる。

1-2　各国の生食料理―国際的な料理になったすし―

　日本では昔からあった魚介類の生食も，世界的にはほとんど行われてこなかった。広い国土と4000年以上の長い歴史と文化をもつ中国でさえ，食材を生で食べることはほとんどない。日本では生で食べることの多いアワビやナマコのような素材は一度乾燥させて保存性を高め，それを戻して調理する。中国料理にはこのような乾燥食品をおいしく調理する優れた技術の伝承はあるが，そこには必ずといっていいほど加熱の工程が加えられている。生食はせいぜい，トマトやキュウリなどの野菜が挙げられる程度である。

　他の国にも視野を広げて生食に近い料理を探してみると，塩漬けニシンが北欧のロシア，スカンジナビア三国やオランダなどに，生ガキがフランス，スペイン，ポルトガルなど地中海沿岸のラテン系欧州とアメリカ合衆国にある。イタリア料理ではマリネやカルパッチョがよく知られている。

　アジア・太平洋島嶼国にはあまり生食の例がない。魚介摂取量世界一のモルディブは周囲を海に囲まれた小さい島で，カツオが大量にとれる。しかしカツオを生で食べることはない。マレーシアではブナン族が食べている魚の「なれずし」が，フィリピンには小魚のレモン酢漬が，ポリネシアではマグロにレモン汁とココナツミルクをかけたタヒチ料理があった。

　例外的なものは，気温が低い高緯度地方に住むエスキモー（イヌイット）の食事で，カリブー（トナカイ），カモ・ガン，ライチョウ，アザラシ，サケ・マスなど，魚介類に限らず獣肉

写真1-1　ロサンゼルスのすし店

写真1-2　ロサンゼルスのスーパーマーケットで売られているすし

1-2 各国の生食料理―国際的な料理になったすし― 5

写真1-3 ニューヨークのスーパーマーケットにあるすし売り場

写真1-4 ストラスブールで売られているすしの冷凍食品

6　第1章　魚の生食—今昔—

写真1-5　台湾の市場にあるすし売り場

写真1-6　バンコク国際空港にあるすし売り場

も生で食べる習慣がある。

ところが、最近では日本以外でも魚介類は健康食品のイメージがあり、特にすしは低カロリー・低コレステロール食品として人気がある。アメリカでも「すし」を食べに行くのは日本人とは限らない。写真1-1はロサンゼルスのすし店である。また、ロサンゼルスのスーパーマーケットでもニューヨークのスーパーマーケットでも、すしは売られている。食の大国フランスでさえ近頃はすしを食べるようになった。なんと内陸部の都市ストラスブールの冷凍食品専門店には冷凍食品のすしが市販されていた。フランスでも、nigiri（にぎり）、maki（のりまき）である。台湾の市場のすし売り場はにぎり、のりまき、いなりずしとよりどりみどりである。バンコク国際空港でケースに入れられ、売られているすしも日本人だけが買うわけではなさそうである（写真1-2～1-6）。

生ものがこのように普及し、安心して食べられるのも、水揚げ後の処理、流通、冷蔵、冷凍、解凍などの技術の進歩のおかげである。

1-3　生の魚介類でサラサラ血液に

(1)　さしみは EPA・DHA の宝庫

魚を中心とした食生活が心臓疾患を少なくすることは1970年代から知られていた。

魚油には油脂を構成する脂肪酸の中で、長鎖の多価不飽和脂肪酸であるドコサヘキサエン酸（DHA，C22：6）[注]および、イコサペンタエン酸（EPA，C20：5）が多く含まれる。EPA

は中性脂肪を低下させ，EPAから産生されるプロスタグランジン類には血液を固まりにくくするという血小板凝集抑制作用のあることがわかってきた。DHAもコレステロールを低下させるなど生理効果が認められ，注目されるようになった。

注）C22：6：炭素数22で二重結合が6ある。

　この研究のきっかけは1970年代初期にバングとダイアベルグによる，グリーンランド住民の疫学調査である。そのとき，デンマーク人と同程度の高脂肪食であるにもかかわらず，イヌイット人には動脈硬化，脳梗塞，心筋梗塞などの生活習慣病が大幅に少ないこと，血漿脂質についても中性脂肪，総コレステロールの少ないことを見いだした。そこで，詳しく食生活調査と血漿脂質の分析を行ったところ，イヌイット人が魚や魚を餌とするアシカ，アザラシなどの海獣を多く食べており，EPAやDHAを多く摂取していること，これが血小板凝集抑制作用や血管拡張作用を行い，血栓が出来にくく心筋梗塞になりにくいことがわかった。

　牛肉や豚肉には飽和脂肪酸や一価不飽和脂肪酸が多い。DHA，EPAを含めた高度不飽和脂肪酸を多く含む食品は，水産物の他にはほとんどなく，水産物の特徴の一つとなっている。

　魚油は調理するとドリップとして，あるいは煮汁中へ移動するので生で食べる方が摂取には有利である。

　なお，イカはコレステロールが多いと敬遠する向きもあるが，イカにはタウリンが多く含まれ，コレステロールはタウロコール酸となって排出されるので，気にする必要はなさそうである。

(2) エキスの機能性成分

 魚介類のエキス成分には様々な生体調節機能が見いだされている。一例をあげると，貝，イカ，タコ，エビ，カニ，赤身魚の血合い部には，アミノ酸の一種であるタウリンが多く含まれる。タウリンには血中コレステロール・中性脂肪を低下させ，肝機能の改善，免疫増強作用などいろいろな効果が認められている。

 また，貝類に多く含まれるグルタミン，アルギニン（アミノ酸の一種）にも免疫を高める効果がある。アルギニンは苦味のあるアミノ酸であるが，このほかにも各種ホルモンの分泌を刺激し，生体調節に役立っている。

 アミノ酸が2つ結合したペプチドである，カルノシン，アンセリンには抗酸化活性が認められている。

 イカの甘味のもとでもあるグリシンベタインなどベタイン類は，ラットの実験でグルコースが腸管で吸収されるのを抑える働きのあることがわかった。その結果，肥満を抑制する可能性が考えられている。

(3) 貝類にも老化防止・生活習慣病予防効果

 最近，生体内で発生した活性酵素によって生体膜やDNAなどが酸化的損傷を受け，それが老化や生活習慣病の原因になることが明らかになってきた。そこで，活性酸素を消去する食品の研究が盛んに行われ，これまで，野菜・果物，ワイン，茶，ハーブなどから抗酸化成分が見いだされている。動物性食品に関する研究はマイワシ，魚卵ぐらいで，あまり行われていない。

写真1-7 さまざまな貝のすし

　筆者の研究室で10種類の貝（ホタテガイ，ウバガイ，アカガイ，サザエ，ミルクイ，ナミガイ，エゾアワビ，トコブシ，マガキ，アサリ）について，生と加熱した貝からエキス成分を抽出し，活性酸素を消去する効果があるかどうか検討した。その結果，貝類にも抗酸化活性のあることがわかった。なかでも，ホタテガイ，アサリ，エゾアワビ，マガキに高かった。その値はハーブ類に比べると必ずしも高いとはいえないが，貝類は生でも加熱しても，一度にたくさん食べられることから，効果が期待できるといってよい。同様にスルメイカ，マダコ，ミズダコ，エビ（クルマエビ，アマエビ，ボタンエビ，シバエビ，ブラックタイガー）についても調べたが，このなかではブラックタイガーに活性酸素を消却する活性が最も高かった。その他は貝よりも活性は弱かった。

Study 1　水産物の分類と呼び名

　魚介類の分類学上の位置と，水産物としての呼び名を表1-1に示す。これを見ると，ひとくちに魚介類といっても非常にたくさんの種類にわかれていることがわかる。狭い意味でのいわゆる魚は哺乳綱・鳥綱・爬虫綱・両生綱と同じ脊椎動物の中の硬骨魚綱に属する。ただし，サメやエイなどは軟骨魚綱，ヤツ

メウナギは円口綱である。その他,原索動物,節足動物,軟体動物,棘皮動物,腔腸動物と,あらゆる海の幸の恩恵をわたしたち日本人は受けている。

表1-1　魚介類の系統分類学上の位置と水産物としての呼称

界	門	綱／亜綱	目／亜目	水産物としての呼称
動物	腔腸動物	クラゲ綱	根口クラゲ目	クラゲ
	軟体動物	斧足綱		二枚貝 ┐
		腹足綱		巻　貝 ┘ 貝類
		頭足綱	十腕目	イカ
			八腕目	タコ
	節足動物	甲殻綱		
		軟甲亜綱	アミ目	アミ
			オキアミ目	オキアミ
			十脚目	
			長尾類	エビ
			異尾類	タラバガニ ┐
			短尾類	カニ ┘ カニ
			口脚目	シャコ
	棘皮動物	ウニ		ウニ
		ナマコ		ナマコ
	原索動物	尾索綱		
		ホヤ亜綱		ホヤ
	脊椎動物	円口綱	ヤツメウナギ目	ヤツメウナギ ┐
		軟骨魚綱		
		板鰓亜綱	サメ目	サメ ├ 魚
			ガンギエイ目	エイ
		硬骨魚綱		魚類 ┘
		両性綱	無尾目	
			有尾目	
		爬虫綱	カメ目	
		哺乳綱	海牛目	
			鯨　目	
			ヒゲクジラ亜目	
			ハクジラ亜目	

(小長谷史郎,1992)

第2章
魚介類の鮮度

活けしめをして鮮度を保つ

2-1 魚の「活き」の保持と適した調理法

(1) 活きが良いほど価値が高い

よく「活きのいい魚」と言うが「産地から直送」,「魚市場で今朝仕入れた」と言われる魚介類は新鮮で,さしみにして魚特有の身を味わってみたくなる。しかし,「活きのいい牛肉」あるいは「食肉処理場から直送」というキャッチコピーは聞いたことがない。逆に,「熟成された肉」は軟らかくて,うま味もありそうだが,「熟成のすすんだ魚」では,身がだれて弾力がなく,食べる気がしない。この違いはどこからくるのだろうか。

牛や豚などの畜肉は屠畜後一定期間の熟成を経て,はじめて食用になる。肉が硬直しているときにはうま味も少ない。熟成の間に硬直が解け,軟らかくなってタンパク質のごく一部はアミノ酸にまで分解されてうま味となる。

しかし,魚介類は「サバの生き腐れ」というように,畜肉に比べて死後の生化学的・物理的変化が急速に進む。熟成は腐敗につながるのである。そのため,水揚げ後はすぐに食用にし,早ければ早いほど良いことが多い。魚介類の鮮度は食味にも大きな影響を与えるうえ,価格も変わる。水揚げ後の鮮度変化と使用目的は図2-1のようになる。もちろん,鮮度の良い商品ほど価値は高い。

硬直前の魚はとくに高価に取引されることから,高級魚を中心に活魚や即殺魚(活けしめ)での輸送も行われている。活けしめというのは獲った魚をバタバタ暴れさせることなく安静に即殺することで,水揚げ後ただちに魚の眼の近くにある運動中

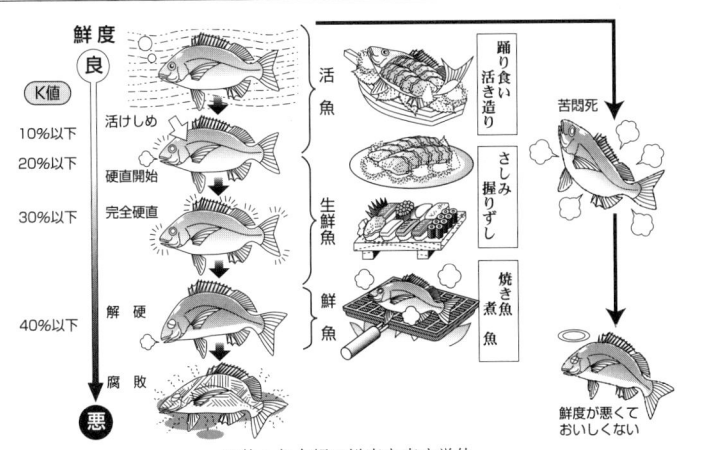

図2-1 水揚げ後の鮮度変化と商品価値

K値：魚介類の鮮度を表す単位

枢（延髄）を刺して殺す方法である。また，活けしめと同時に血抜き（脱血）すると，肉の色が黒っぽく変化するメト化を防ぎ，活魚のままの色を保持するのに効果がある。血液が多く黒変しやすいマグロでは，さしみにする部位が赤くないと価値が大きく下がる。そこで，いくつかの魚種で，活けしめと脱血を同時に行える装置が考案され，一部の魚で実用化されている。

(2) 鮮度保持に適した温度

鮮度がいいほど値打ちが高く，おいしいのならば，できるだけ死後硬直を起こす前の状態で長く保存したい。生鮮食品を冷蔵するときには，普通は凍らない程度で，できるだけ低い温度が良いとされている。しかし，実際には必ずしも低いことが良いわけでないことがわかっている。

16 第2章 魚介類の鮮度

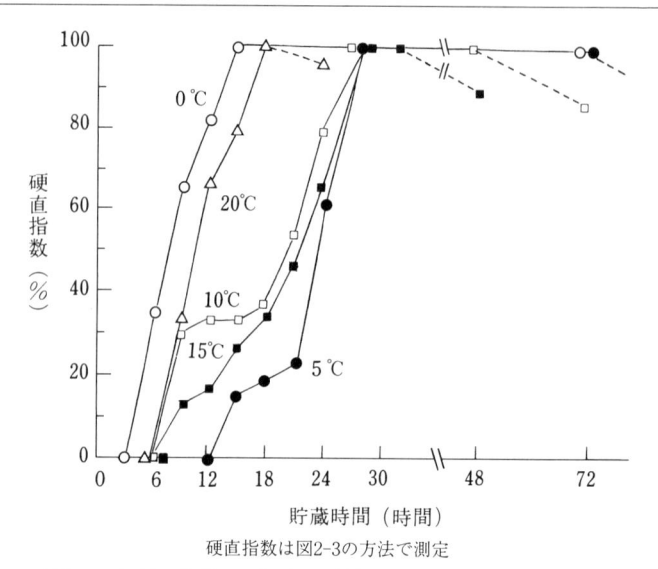

硬直指数は図2-3の方法で測定

図2-2 ヒラメを種々の温度で貯蔵した場合の死後硬直の進行

(岩本宗昭, 1992)

　活けしめにしたヒラメを0℃, 5℃, 10℃, 15℃, 20℃の5段階に温度を設定して輸送した実験では, 最も低い0℃と高い20℃で死後硬直が早く起こっていた (図2-2)。この温度では12～14時間後に完全硬直となったが, 5℃～15℃では完全硬直になるまでに26～27時間かかったのである。ヒラメは15℃ではK値の上昇が速いので, これを除き5～10℃で貯蔵・輸送するとよいことがわかる。ただし, いったん硬直した後は低温で保存した方が鮮度は落ちにくかった。

　0℃と10℃で, マダイ, ハマチ, マゴチ, イシダイを貯蔵した実験においても, 10℃の方が硬直到達時間は遅いことがわ

かった。しかし，もし魚をバタバタ暴れさせると，硬直が早く起こる。この時間は筋肉中のATP消失時間および乳酸最大量到達時間と関連があった。

2-2 鮮度の測り方

(1) 経験的な見分け方

夕食のおかずに魚料理を作ることにして，スーパーの鮮魚売り場で，できるだけ活きのいい商品を選ぶときには，なにを基準にして魚の良し悪しを判断したらよいだろうか。

従来，魚の鮮度は「えら」の色や目の状態，外観や皮の上から身を指で押したときの弾力などで判定されてきた。頭のついた全魚であれば目が澄んで張り出しており，えらが鮮やかな赤色で，皮膚に光沢があり，腹に弾力のあるものが新鮮な魚である。目が赤くなったり濁ったり，えらの色が灰褐色になったり，腹が切れたりしている物は鮮度が落ちた魚である。もちろん，臭いも悪くなってくる。

新鮮な魚は水揚げ後，一定時間が経過すると魚体全体がピンと硬直する。そこで，魚体の1/2を台にのせ，残りの1/2がどの程度垂れ下がるか，その長さを測定して硬直指数として表す方法がある（図2-3）。鮮度が低下

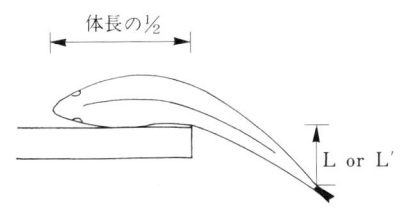

L：即殺直後に垂れ下がった位置までの長さ
L'：貯蔵後に垂れ下がった位置までの長さ

$$R = \frac{L - L'}{L} \times 100$$

図2-3 硬直指数（R）の求め方

(尾藤方通ほか，1983)

してくると硬直が解けてきて，次第に軟らかくなるため，魚体の半分がどの程度垂れ下がるか，その距離を測って判断する。指で魚体の中央を支えて，その湾曲度から判断することに似ている。

このような方法は，長年の経験に基づく物差しに従って鮮度を判定しているのである。しかし，サンマやアジのように一尾丸ごとで売っている魚ならともかく，切り身の状態で店頭に並べられているものは，外観からはそう簡単に判断できない。

(2) 鮮度判定シートで測る

誰でも経験的評価ができるわけではない。そこでプロやベテランでなくても経験的な評価ができるように，鮮度を数値化する方法として「品質採点シート」が考案されている。表2-1にオーストラリアで開発された一例を示した。外観に関しては4種の形容詞があるので，判断しようとしている魚の状態で，この中から合っていると思うものを選ぶ。もし「非常に鮮やか」という説明が当てはまると思ったら0点なので減点しない。同様に，表皮，鱗，粘液の順に評価を行い，このシートに従って減点していく。最終的に，鮮度の低下具合をマイナスの数字で判定できるのである。得られた数字（デメリットスコア）と貯蔵日数の間には，次の式のような関係のあることが報告されている。

$$デメリットスコア = 0.405 + 2.788(日数) - 0.058(日数)^2$$

表2-1　魚の鮮度評価のためのデメリットポイント採点システム (Bremnerによる)

魚		状態と減点数	劣化の原因
外観		0：非常に鮮やか，1：鮮やか，2：やや鈍い，3：鈍い	微生物，化学的・物理的変化
表皮		0：硬い，1：軟らかい	酵素
鱗（うろこ）		0：しっかりついている，1：ややはがれる，2：はがれやすい	酵素，微生物
粘液		0：なし，1：ややぬめる，2：ぬめる，3：非常にぬめる	微生物
硬直の程度		0：硬直前，1：硬直，2：硬直後	酵素
眼球	透明度	0：澄んでいる，1：やや澄んでいる，2：濁っている	物理的
	形状	0：張り出している，1：やや陥没，2：陥没	?
	虹彩	0：明瞭，1：不明瞭	?
	血液	0：なし，1：やや充血，2：充血	酵素，物理的
鰓（えら）	色調	0：鮮紅色，1：やや退色し暗赤色，2：退色し暗赤色	微生物
	粘液	0：なし，1：わずかにある，2：非常にある	微生物
	臭気	0：新鮮臭，1：生臭い，2：やや腐敗臭，3：腐敗臭	微生物
腹	退色	0：なし，1：わずかに，2：かなり，3：非常に	酵素，微生物，物理的
	硬さ	0：硬い，1：軟らかい，2：やぶれた	酵素，微生物
肛門	状態	0：正常，1：軟化・膨張，2：腸内容物流出	酵素
	臭気	0：新鮮臭，1：どちらともいえない，2：生臭い，3：腐敗臭	微生物，酵素
腹腔	着色	0：乳白色，1：灰色がかった，2：黄～褐色	化学的
	血液	0：鮮血色，1：濃赤色，2：茶色	物理的，化学的

(3) 機器で魚の硬さを測定する

　台に乗せたり，指で押してみたり，判定シートで鮮度を測るといっても，不安定な人間の感覚に頼っていることに変わりはない。経験則を排除し，客観的に判断するために，圧縮，貫入，せん断などの機器による測定によって鮮度を測定することがで

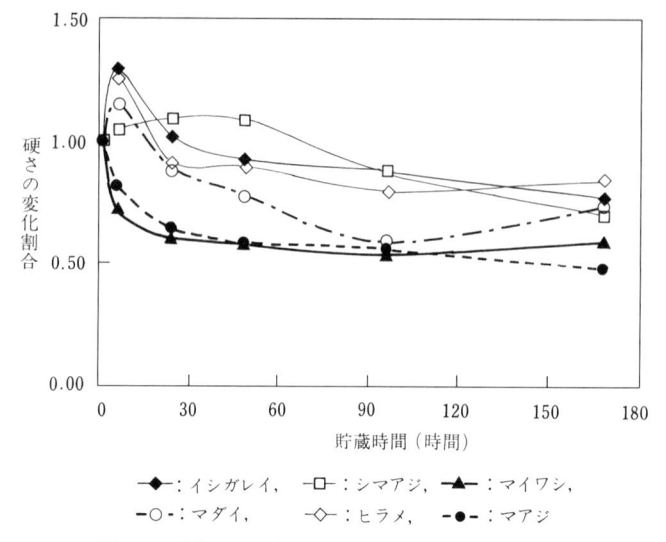

図2-4 貯蔵による魚肉の硬さの変化 (三橋富子, 2003)

きる。この方法も, 死後の時間が経過するに従って, 魚の肉質が軟化することを利用している。

　イシガレイ, シマアジ, マイワシ, マダイ, ヒラメ, マアジの6種の魚を4℃で7日間貯蔵し, 破断強度（硬さ）を測定した（図2-4）。魚肉を7mm角あるいは5mm角に切り, 直径3cmの円柱状のプランジャーで圧縮したときの押し返す力を測定し, 硬さとして表わしたものである。活魚を即殺（活けしめ）し, その直後を1.00として硬さの割合がどのように変化したかが示されている。イシガレイ, ヒラメ, マダイはいったん硬くなった後に軟化したが, シマアジはほとんど変化がなく, マイワシ, マアジのように軟化の一途をたどるものもあった。魚の種類に

(4) 魚の鮮度は「K値」でわかる

鮮魚売り場で特売されている魚を見て，消費者はどのぐらい新鮮なのだろうかと考えるだろう。K値は魚介類の鮮度を表す単位としてよく使われるが，生食ができるかどうかという，活きの微妙な判定にも用いることができる。

動物の筋肉中にはアデノシン三リン酸（ATP）という高エネルギー化合物があり，細胞の生命活動のためのエネルギー源になっている。これが加水分解されてエネルギーを放出すると

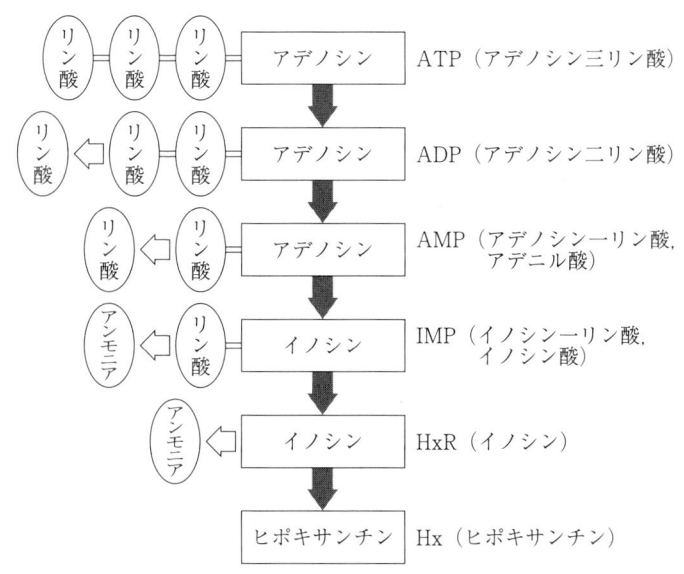

図2-5　鮮度低下とATPの変化

アデノシン二リン酸（ADP）になるが，生きている間は再びATPに戻る反応が働く。しかし，死後は再生反応が起こらなくなって，分解の反応が一方的に進む。

図2-5のように，鮮度が低下するほどHxR（イノシン）やHx（ヒポキサンチン）が多くなってくることから，これらがどの程度蓄積したかを測定すれば，鮮度の判断基準となる。それがK値であり，数値が高いほど鮮度が低下していることを表している。この一連の変化のうち，ATPからIMPまでの分解は速やかであるが，その後の変化は徐々に進み，K値も徐々に増えていくので，活きのよい時期を判定しやすいのである。

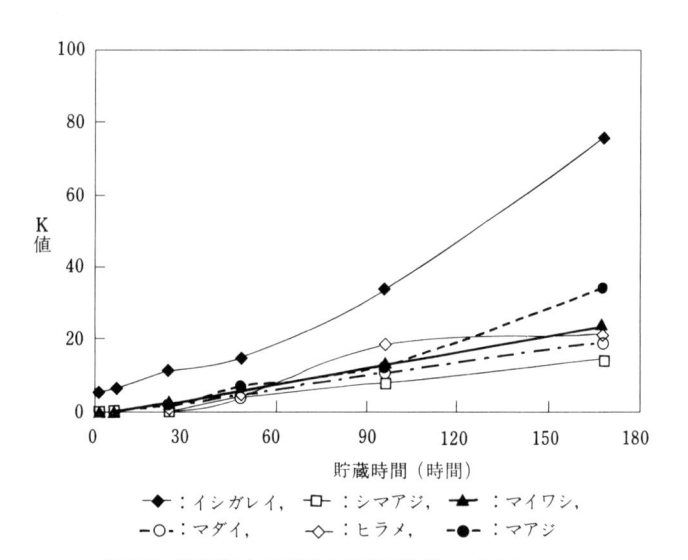

図2-6 貯蔵による魚肉のK値の変化 (三橋富子，2003)

$$\text{K値}(\%) = \frac{(\text{HxR} + \text{Hx})}{(\text{ATP} + \text{ADP} + \text{AMP} + \text{IMP} + \text{HxR} + \text{Hx})} \times 100$$

(5) 「腐っても鯛」をK値で確かめる

魚体の硬さの変化と同じように，K値の変化も魚種によって速度は異なる。あらかじめ，魚の種類ごとにK値の変化のパターンを知っておかないと，K値だけを見てしめた後の時間経過や鮮度低下を判定することはできない。図2-6は，硬さの変化を測定した図2-4の6種の魚についてK値の変化を表したものである。

この測定によると，イシガレイはK値の上昇が最も速く，シマアジとマダイは遅い。硬さの変化ではマイワシ，マアジの軟化が速く，イシガレイはそれほど速くなかったことから，K値の変化と硬さの変化の順序は魚種によって必ずしも一致しないことがわかる。つまり，貯蔵日数が同じでも魚が異なればK値，すなわち「活きのよさ」も異

写真2-1　天然マダイ

写真2-2　天然ヒラメ

なってくることになる。しかし、どの魚でも鮮度がK値に反映されていることは間違いない。

水揚げして活けしめした天然魚のほうが、へたな活魚よりもおいしいと言われる。即殺（活けしめ）か、苦悶死（水揚げ後にバタバタ暴れさせた場合）かというような魚の致死条件によってもK値は影響を受ける。水揚げ後、即殺したヒラメのほうが苦悶死したヒラメよりもK値の上昇は遅い。また、天然マダイのほうが養殖マダイよりもK値の上昇は遅い、つまり活きがよいのである（図2-7）。ちなみに、即殺した魚のK値は10％以下である。通常の魚ならば20％以下ならさしみになり、すし種には30％以下とされている。

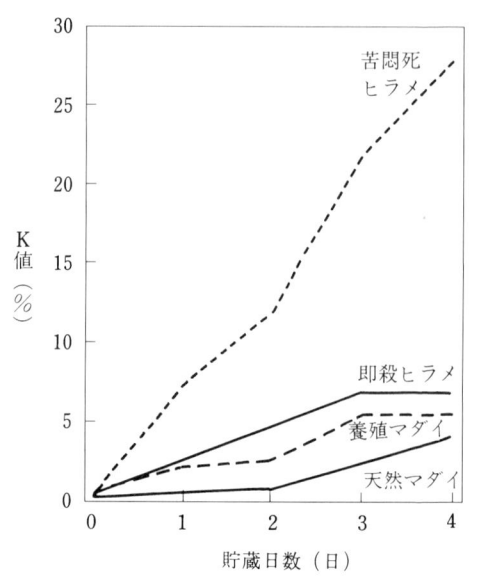

図2-7 種々の即殺魚を0℃で貯蔵した場合のK値の経時変化（阿部宏喜, 1994）

Study 2　K値以外の鮮度の測り方

魚介類によってはATPの分解経路が前述の図2-5のようにならないものがある。このようなものの鮮度指標には下記のようなK値よりも適した方法があ

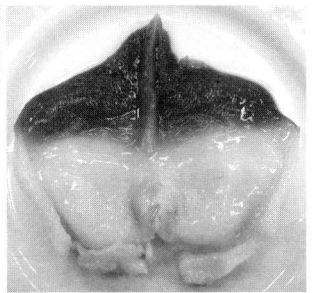

写真2-3 ウバガイ（別名：ホッキガイ）

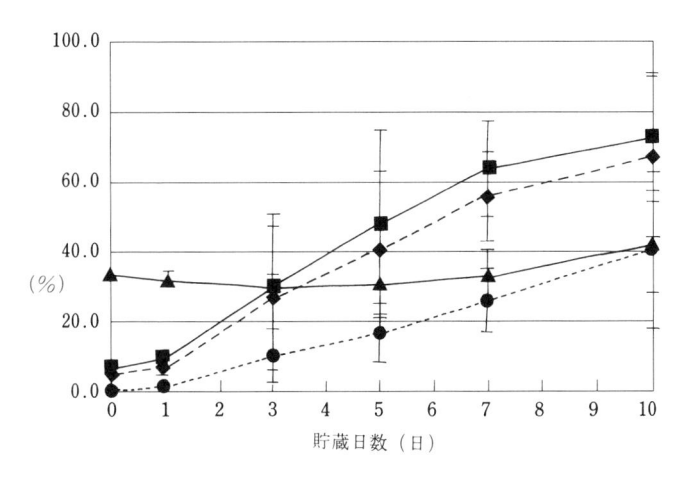

図2-8 生ウバガイ足筋部の貯蔵に伴うK値，K′値，A.E.C.値，Hx値の変化

　ー◆ー：K値，　ー■ー：K′値，　ー▲ー：A.E.C.値，　-●-：Hx値

る。図2-8にウバガイを4℃で10日間貯蔵してK値，K′値，A.E.C.値，Hx値の変化を表した。ウバガイはK′値が時間の経過とともに早く上昇しているので，この場合はK′値が最も鮮度を反映している指標であることがわかる。ス

ルメイカではK値よりHx/AMPの値の方が鮮度の指標に適している。

(1) $\text{Hx 値 (\%)} = \dfrac{\text{Hx}}{(\text{ATP} + \text{ADP} + \text{AMP} + \text{IMP} + \text{AdR} + \text{HxR} + \text{Hx})} \times 100$

鮮度低下とともにアデノシン（AdR）を蓄積するもの（ヤリイカなど）の評価

(2) $\text{K' 値 (\%)} = \dfrac{(\text{IMP} + \text{HxR} + \text{Hx})}{(\text{ATP} + \text{ADP} + \text{AMP} + \text{IMP} + \text{HxR} + \text{Hx})} \times 100$

鮮度低下の速いもの（ウバガイ，トリガイなど）の評価

(3) $\text{A.E.C. 値 (\%)} = \dfrac{\frac{1}{2}(2\text{ATP} + \text{ADP})}{(\text{ATP} + \text{ADP} + \text{AMP})} \times 100$

例：クロアワビ，アカガイ

(4) $\text{Xt 比 (\%)} = \dfrac{\text{Xt}}{(\text{ATP} + \text{ADP} + \text{AMP} + \text{IMP} + \text{AdR} + \text{HxR} + \text{Hx} + \text{Xt})} \times 1000$

ズワイガニ，ヤリイカのように鮮度低下に伴いHxの他にXt（キサンチン）も生成するものがあり，そのような場合に適用

このほか，揮発性塩基やポリアミンの増加を指標にする試み，細胞の電解質の変化による誘電特性の変化を測定する電気的センサーなどがある。

2-3 魚の鮮度と肉の硬さ

(1) 魚の筋肉の構造

私たちが食べている魚の「身」の部分，それは魚の筋肉（骨格筋＝横紋筋）である。筋肉の大部分は普通筋で，体側には赤褐色の血合筋がある（図2-9）。魚が急激な運動をするときには普通筋が使われ，通常のゆったりした遊泳には血合筋が使われる。大海原を大回遊するマグロやカツオなどの，いわゆる赤身の魚には血合筋が多い。

2-3 魚の鮮度と肉の硬さ

筋肉を分解して大きい構造から順に並べていくと、次のようになる（図2-10）。

　　筋肉→筋線維束→筋線維（筋細胞）→筋原線維

筋線維の太さは、畜肉では直径10〜100μmだが、魚肉では50〜250μmとやや太い。長さは畜肉で数cmから30cm以上に及ぶものもある。一方、魚肉の筋線維は筋隔膜で仕切られているので、長さも2〜10mmで短い。いまは家庭ではあまり作らなくなったが、タイやカレイで作る「そぼろ（でんぶ）」の繊維の1本は、筋細胞の1本と考えてよい。筋原線維は直径

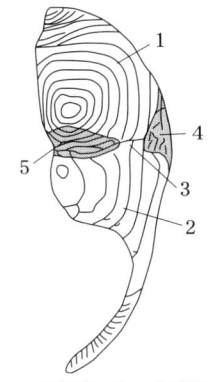

1：背側部，2：腹側部，3：水平隔壁，4：表面血合筋，5：真正血合筋

図2-9　カツオの体側筋の断面図

長さは畜肉で〜30cm、魚肉では筋隔膜で仕切られているので〜1cm。

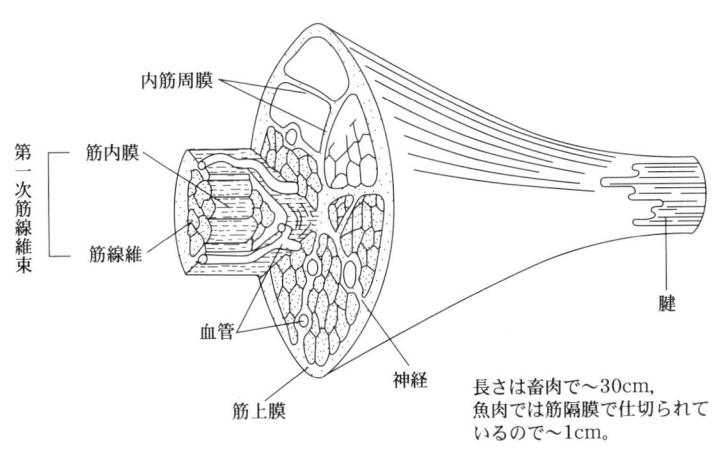

図2-10　筋肉の構造

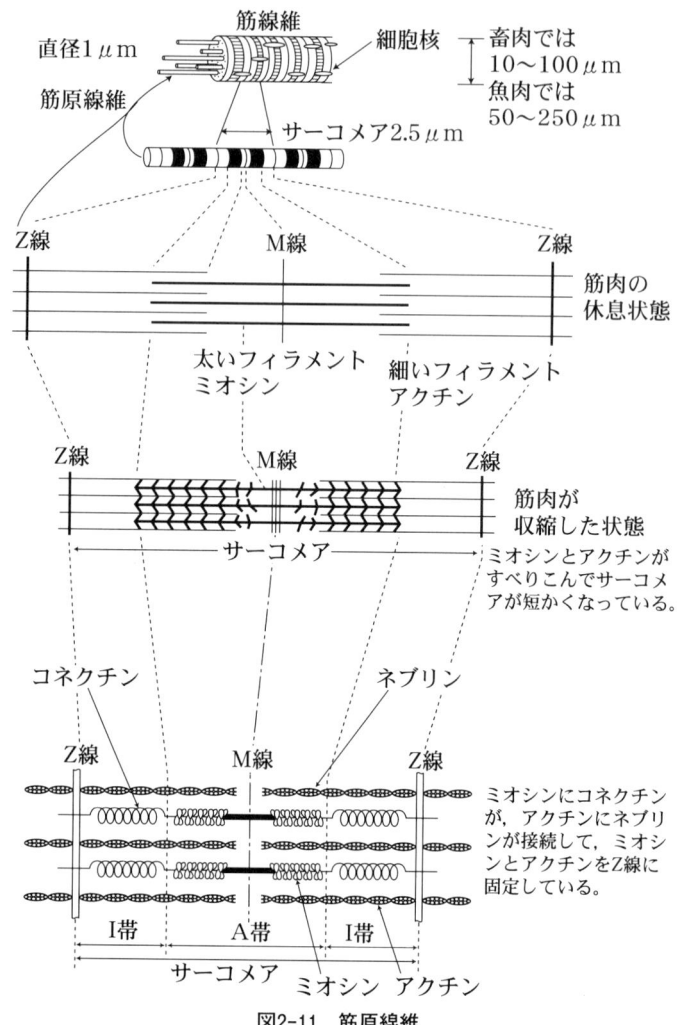

図2-11　筋原線維

約1μmである（図2-11）。

Study 3　筋肉の種類

筋肉には意思で動かせる横紋筋（随意筋）と，内臓や血管などの平滑筋（不随意筋）の2種類がある。例外的に心臓の心筋は横紋筋だが不随意筋である。体を動かすための骨格筋は横紋筋で構成されている。横紋筋を顕微鏡で見ると，筋線維（筋細胞）は明るい部分と暗い部分が交互に現れて縞模様に見える（図2-11）のでこの名がついている。イカ，タコは斜紋筋という畜肉には見られない筋肉構造を持っている。

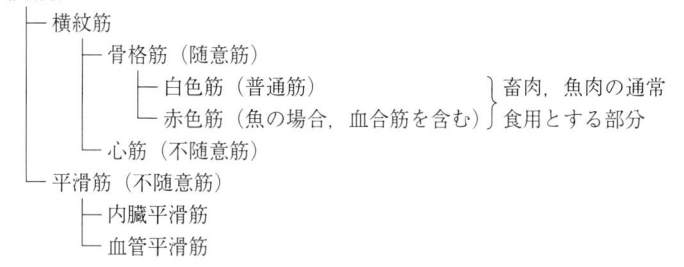

脊椎動物
```
├─横紋筋
│  ├─骨格筋（随意筋）
│  │  ├─白色筋（普通筋）          ┐畜肉，魚肉の通常
│  │  └─赤色筋（魚の場合，血合筋を含む）┘食用とする部分
│  └─心筋（不随意筋）
└─平滑筋（不随意筋）
   ├─内臓平滑筋
   └─血管平滑筋
```

無脊椎動物
```
├─横紋筋（骨格筋）：貝柱の透明部分，エビ，カニ類の尾部筋
├─平滑筋（無紋筋）：内臓，ホタテ貝，タイラ貝，カキなどの貝柱の不
│                  透明部分
└─斜紋筋：イカ・タコの外套膜（胴肉）
```

(2) 筋肉軟化のメカニズム①—タンパク質の分解

筋線維はゾル状の筋形質タンパク質で満たされたなかに，筋原線維というゲル状の線維が浸っている構造になっている。動物の死後に筋肉が軟化するのは，筋原線維が弱くなって，その

規則的な構造が乱れてくることと，コラーゲンの構造が疎になってくることの2つの理由によると考えられている。

筋原線維が弱くなるのを説明すると，筋原線維はZ線で区切られたミオシンとアクチンが重なった部分（暗く見える部分）とアクチンだけの部分（明るく見える部分）で構成されるサーコメアがくり返す規則正しい構造をしている（図2-11）。死後時間の経過にともなってZ線が脆くなり，この部分で切れて筋原線維ひいては筋線維が弱くなる。また，筋原線維タンパク質も酵素によって分解されることが写真2-4から知ることができる。

写真2-4は活アジを7日間4℃で保存し，1.5時間，6時間，1日，2日，4日，7日後に筋原線維タンパク質を調製し12% SDSポリアクリルアミドゲル電気泳動を行った結果である。上の方に分子量の大きいタンパク質が残り，分解されて分子量が小さくなると，ゲルの下の方へと移動する。死後1.5時間のごく新鮮なアジに比べ，7日

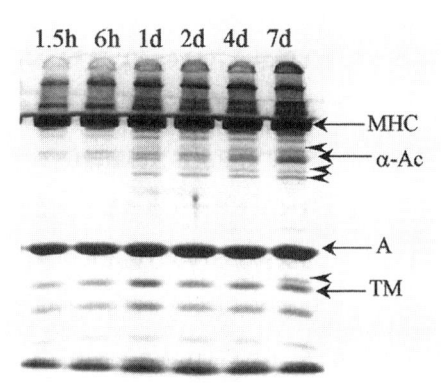

MHC：ミオシン重鎖，α-Ac：α-アクチニン
A：アクチン，TM：トロポミオシン

写真2-4　マアジを7日間貯蔵中の筋原線維タンパク質の12% SDSゲル電気泳動パターンによる変化

（三橋富子，2003）

成山堂書店

出版案内
2006.5

将来の日本を支える産業として，食糧資源として……
キーワードは"うみとさかな"です。

水産・食品

http://www.seizando.co.jp/

イカ ―その生物から消費まで― 【3訂版】

奈須敬二・奥谷喬司・小倉通男 共編
A5判 396頁 定価4,830(本体4,600)円(〒390)　ISBN4-425-82263-3
生物学から加工・流通・消費動向まで、最新知識を総合的に解説した「イカに関するバイブル」。最新情報をとり込んでの改訂。

海藻利用の科学 【改訂版】

山田信夫 著
A5判 284頁 定価3,990(本体3,800)円(〒390)　ISBN4-425-82792-9
食用はもちろん、工業・医療・美容と多方面で利用される海藻。その利用状況と化学成分を豊富な図表で示し、海藻利用の新たな方向性を探る。

海洋教育史 【改訂版】

(元)文部省初等中等教育局視学官　中谷三男 著
A5判 408頁 定価3,990(本体3,800)円(〒390)　ISBN4-425-30271-0
東京商船大学と東京水産大学の統合、神戸商船大学の神戸大学への併合など変わりゆく"海の教育"の現状を踏まえての大改訂。

海のけもの達の物語 ―オットセイ・トド・アザラシ・ラッコ―

和田一雄 編著
四六判 196頁 定価1,680(本体1,600)円(〒340)　ISBN4-425-98131-6
北の海に住む海獣たちは、水族館でも大人気。結婚・出産・子育てなど、自然の中での暮らしと観察・調査にまつわる数々のエピソードを軽妙に綴る。

- ■ご注文はお近くの書店へお願いします。店頭にない場合も、書店から取り寄せてもらうことができます。下の注文票をお渡し下さい。
- ■直接小社へご注文を下さる場合は、書名・冊数・ご住所・お名前・ご連絡先を明記の上、FAXまたは郵便にてお送り下さい。到着次第すぐ送品します。(定価表示の次にある〒が送料となります)
- ■メールマガジン「成山堂News」を毎月1日に配信しています。ご希望の方は弊社ホームページよりご登録をお願いします。

株式会社 成山堂書店
〒160-0012 東京都新宿区南元町4-51 成山堂ビル
TEL：03(3357)5861・FAX：03(3357)5867
注文専用e-mail:eigyou@seizando.co.jp
http://www.seizando.co.jp
振替口座：00170-4-78174

間4℃で冷蔵したものは α-アクチニン（α-Ac）やトロポミオシン（TM）などの付近のバンドが濃くなったり，いくつかの新しいバンド（矢印）が現れたりしている。これは大きな分子量のタンパク質が分解されて低分子量になったことを示している。

筋原線維のなかでミオシンやアクチンをZ線に接続させ，筋肉の収縮・弛緩の際にミオシンやアクチンを正しい位置に保つ働きをしている巨大タンパク質（コネクチンやネブリン）がある（図2-11）。これらも死後の時間の経過とともに分解されていく。図2-4, 2-6で測定した6種の魚類イシガレイ，シマアジ，マイワシ，マダイ，ヒラメ，マアジを7日間4℃で貯蔵し，その間の魚肉の硬さとこれらのタンパク質の変化を測定したところ，コネクチン，ネブリンの分解は硬さの変化，すなわち魚肉の軟化と深い関係のあることが確認された。筋原線維の構造を保っていたコネクチン，ネブリンが分解することは筋原線維の弱化，ひいては魚肉の軟化に関わっていることを示している。

| Study 4 | 筋原線維の主なタンパク質

ミオシン：筋原線維の太いフィラメントを構成する主要な繊維状タンパク質。筋原線維タンパク質の40〜50％を占める。分子量約50万ダルトン。
アクチン：筋原線維の細いフィラメントを構成する主要な球状タンパク質。筋原線維タンパク質の約20％を占める。分子量約4.2万ダルトン。
トロポミオシン：筋原線維の細いフィラメントを構成する繊維状タンパク質でアクチン，トロポニンと結合している。筋原線維タンパク質の約5％を占める。分子量約7万ダルトン。
トロポニン：筋原線維の細いフィラメントを構成する球状タンパク質で，トロ

ポミオシンと結合している。筋原線維タンパク質の約5％を占める。分子量約7〜9万ダルトン。

コネクチン：骨格筋のZ線から太いフィラメントのM線に達する繊維状のタンパク質で弾性がある。魚類では筋原線維タンパク質の約13％を占める。分子量約300万ダルトン。$α$-コネクチンと，それより少し分子量の小さい$β$-コネクチンがある。

ネブリン：骨格筋のZ線から細いフィラメントにそって先端まで走っている。分子量約80万ダルトン。コネクチンとネブリンは筋原線維の骨格を安定させる働きをしていると考えられている。

$α$-アクチニン：骨格筋ではZ線に，斜紋筋ではデンボスボディに存在し，アクチンの端を固定している。分子量約10万ダルトン。$α$-アクチニンの分解は筋原線維の脆弱化に強く関わっていると考えられている。

(3) 筋肉軟化のメカニズム②—コラーゲンの変化

　コラーゲンは筋線維を接着して，筋肉の機械的な強度を保っている。そのため，肉質の軟化に関わっていると考えられる。写真2-5はマイワシの筋線維から，ミオシンやアクチンなどの筋原線維を溶かしだして除き，コラーゲンだけが見えるようにして，走査型電子顕微鏡で観察した結果である。

　即殺直後(左)に比べ，24時間冷蔵すると(右)ネットワークが疎になっていることがわかる。また，畜肉にはほとんど存在せず魚には存在するタイプVコラーゲンを，即殺したマイワシと死後1日貯蔵したマイワシで比較すると，後者では弱くなることが報告されている。このように，コラーゲンも肉質の軟化に関わっているのである。

　コラーゲンの変化やタンパク質の分解は畜肉に比べ魚肉では急速に進むので，魚は鮮度の低下が速いのである。

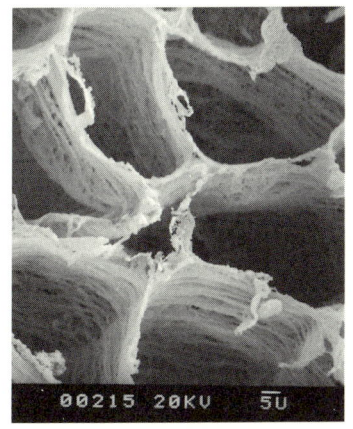

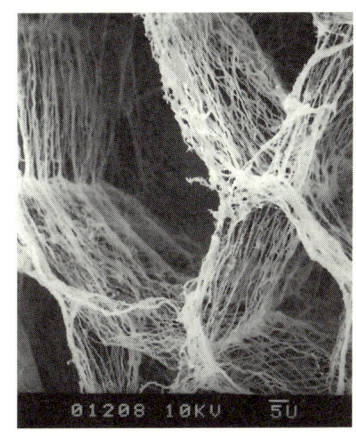

アルカリ処理により筋原線維タンパク質を溶出し，残った結合組織を走査型電子顕微鏡で観察した。24時間後にはコラーゲン線維のネットワーク構造が疎になっている。

写真2-5　即殺時（左）と4℃で24時間冷蔵後（右）のマイワシ結合組織の形態的変化 （安藤正史氏提供）

第3章
おさしみを科学する

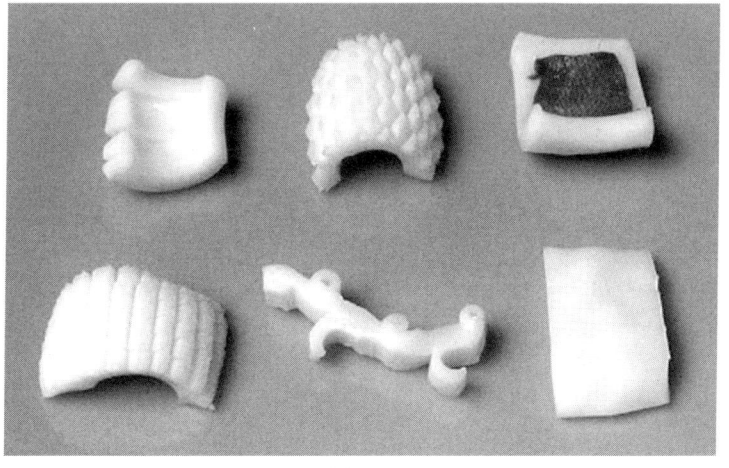

イカの反り返る性質を利用した飾り切り

スーパーの鮮魚コーナーには数種の魚介類盛り合わせやマグロのサク，さしみ用鮮魚など，生食するための商品が並ぶ。しかし，食肉コーナーには生食用の肉はほとんど置かれていない。ビーフステーキの場合はあまり火を通さない焼き加減のレアでは表面だけ加熱され，内部は生のものを食べている。しかし，ほとんどの場合，畜肉は加熱して食べている。

3-1　生の魚は「味」より「テクスチャー」

(1)　なぜ魚介類は生で食べられるのか

この前になぜ，魚介類は生で食べ，畜肉は生で食べないのか，疑問に思ったことはないだろうか。

畜肉はさしみで食べることはほとんどない。一つには，畜肉は生では硬く食べにくいからである。陸上動物は丈夫な皮膚を持ち，自分の足で立って移動するために丈夫な筋肉と腱を持っている。筋肉は紡錘形をしておりその周囲は結合組織で囲まれている。紡錘形の両端は結合組織が集まって腱となり，骨と筋肉をつないでいる（図2-10参照）。このような結合組織は主としてコラーゲンで構成され非常に丈夫で硬い。結合組織は基質タンパク質に分類されるが，動物の肉は基質タンパク質が多く，表3-1に示すように15〜30%を占める。畜肉の基質タンパク質の量は同じ動物でも部位によって異なる。よく運動する部位，たとえば牛のすねは基質タンパク質が多い。

一方，水中で浮力に頼っている魚類はそれほど丈夫な筋肉も腱も必要としないので，結合組織も少なく，コラーゲンも少ない。しかもこのコラーゲンは畜肉より丈夫さも弱く，畜肉より

表3-1 動物の種類による肉タンパク質組成の差異

肉の種類	繊維状タンパク質(%)	球状タンパク質(%)	肉基質(%)
家兎肉	51	34	15
子牛肉	51	24	25
豚 肉	51	20	29
馬 肉	48	16	36

(藤巻正生ほか, 1958年)

低い温度で溶け出し, ゼラチンになる。このことは, 肉を煮ても容易には「にこごり」にならないが, 魚の煮付けを冷蔵庫に入れておくと簡単に「にこごり」ができることからもわかる。「にこごり」は溶け出したゼラチンが低温で水を取り込んでゼリー状に凝固したものである。

このように, コラーゲンが弱く少ないことから, 軟らかく生でも食べられるのである。魚介類のタンパク質に占めるコラーゲン量を表3-2に示したが, いずれも5%以下である。エチゼンクラゲのコラーゲンはタンパク質の80～90%であるが, エチゼンクラゲは非常に水分が多く, タンパク質が少ないのでこの

表3-2 魚介類筋肉タンパク質中のコラーゲン量 (%)

(平均値±SD)

魚 種	コラーゲン量	魚 種	コラーゲン量
イワシ	1.6±0.2	ウナギ	12.4±0.3
ニジマス	2.2±0.1	イ カ	2～3*
マダイ	2.9±0.5	サザエ足筋	8.2
カツオ	2.0±0.4	マダコ	10～11*
トビウオ	2.6±0.3	アワビ季節により	8～31
マアジ	2.4±0.6	エチゼンクラゲ	80～90
キチジ	3.6±0.7	(ウサギ)	(19～21*)

＊肉基質タンパク質量。

ような値になっている。

　畜肉は屠畜してもすぐには食べられない。畜肉では屠畜後に硬直，解硬，熟成を経てはじめて食肉となる。この期間は牛肉では4℃で9～11日程度，豚肉では7日程度である。硬直中の肉は硬く，保水性に乏しくおいしくない。しかし，魚介類は熟成を必要とせず，水揚げ直後から食べることができるので，新鮮で衛生的に問題がなければ，生で食べることができる。

(2) 生食はテクスチャーが重要

　私たちが味を感じるためには，食物のうま味成分が唾液にとけて舌にある味蕾の味神経を刺激しなければならない。もし，うま味成分が食物から出にくかったら味を感じないうちに飲み込んでしまうことになる。

　食物を口の中で咀嚼したときに，固形物から分離して外に出てくる液汁の中にうま味成分は含まれている。当然液汁が多い方がおいしく感じられることになる。

　分離する液汁の量は加熱した方が生のままよりも多い（表3-3）。つまり生で食べるときは味を生じにくいだけ，硬さ，歯切れ，舌ざわりなどのテクスチャーがおいしさに重要であるといえる。アワビ料理では，煮たり焼いたりして食べるとアワビの味を味わうことができる。一方，生のままさしみや水貝にするとコリコリとしたテクスチャーを楽しむことができる。

表3-3　魚肉の保水性（%）

	生肉	加熱肉
マダイ	4.9	16.6
ヒラメ	2.3	16.8
ハマチ	16.7	20.6

28,000×g, 30分間遠心分離して分離する液量の割合。この割合が多いほど液汁が分離しやすい。

3-2　活けしめ後8時間が一番おいしい

生魚のおいしさにはテクスチャーが重要であるが味も良いに越したことはない。魚のうま味成分はアミノ酸，ペプチド，糖，有機酸，ミネラルなど多くの成分で構成されている。なかでも核酸関連物質のイノシン酸はグルタミン酸とともにうま味成分として知られており，これが増えると味が良くなってくる。第2章の図2-5をもう一度見て欲しい。ATPが分解していく過程でIMP（イノシン酸）ができている。

専門の料理人に聞くと，活魚は締めた直後

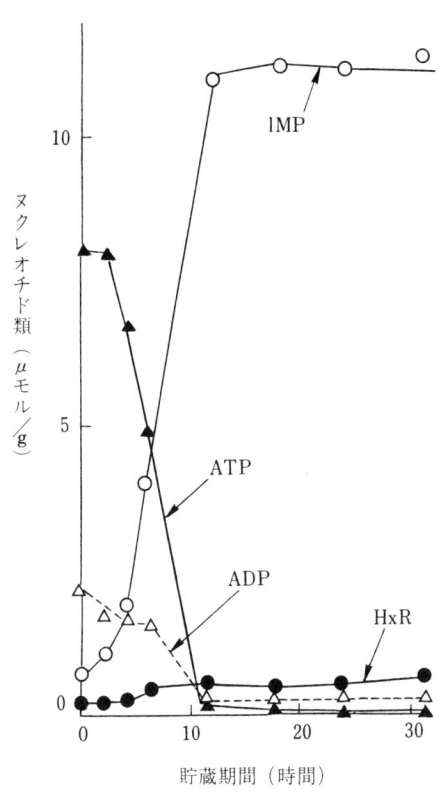

図3-1　ハマチ普通肉の氷蔵中におけるヌクレオチド類の変化（村田道代・坂口守彦, 1986）

よりも6時間から8時間経った方がおいしいという。ハマチを使った研究では、図3-1のように、締めて4時間後くらいからイノシン酸が増加し始め、8時間後にピークとなる。つまり、締めた直後の活け造りはコリコリした弾力のあるテクスチャーのさしみを、しばらく時間が経つとイノシン酸が蓄積されてうま味が増したさしみを味わうことができるのである。腕のいい料理人は、この時間を見込んでお客に料理を出しているのだろう。いずれにしても、生食のためには漁獲後、時間が勝負ということにかわりはない。

3-3 魚種別のテクスチャーとコラーゲン

魚は種類によってテクスチャーが異なり、その違いによって調理方法も異なっている。ここでは消費者が一般にテクスチャーが異なると思っているカツオ、トビウオ、マアジ、カレイ、キチジ（キンキ）の5種類を選んで、その肉質の成分、機器による物性測定を行った研究を取りあげる（表3-4）。

左：上からカツオ、トビウオ、マアジ　　右：上からマコガレイ、キチジ

写真3-1　表3-4で選定された5魚種

表3-4 5種の魚の物性的特徴

「口ざわり」が異なる代表として選定された5魚種			カツオ	トビウオ	マアジ	マコガレイ	キチジ
魚肉の一般成分		水　　分	少	中	中	中	少
		タンパク質	多	→			少
		脂　　質	少	少	多	少	多
魚肉の物性	加熱肉	硬　　さ	硬	→			軟
		凝 集 性	大	→			小
		針 入 度	小	←			大
		筋線維太さ	細	←			太
		筋線維長さ	短	短	長	短	長
	生肉	硬　　さ	軟	中	軟	硬	硬
		凝 集 性	小	小	小	大	大
		針 入 度	大	大	大	小	小
		"ほぐれにくさ"	小	中	大	大	大
		断片化率	大	中	大	小	小
魚肉タンパク質の分析		筋原線維タンパク質量(A)	顕著な差なし				
		筋形質タンパク質量（B）	多	→			少
		$\dfrac{B}{A}$	大	中	中	中	小
		総コラーゲン量	小	中	小	大	大

　まず，生でさしみとして食べるとカツオは軟らかく，トビウオ，マアジ，カレイ，キチジの順に硬くなる。この理由として魚肉中の基質タンパク質であるコラーゲン量が関与している。コラーゲンの多い魚肉ほど硬く，歯切れがわるい。また，生の魚肉のテクスチャーには水分，脂質およびタンパク質などの割合が関わって，水っぽさやなめらかさ，ねっとり感などに影響

を与えている可能性がある。

　ところが，加熱するとこの順序は逆に硬い順になる。この5種は，日本人のイメージでも，また，一定条件で加熱して官能検査を行った結果でもテクスチャーが違うことがわかっている。つまり，煮たカツオは身が締まって，ほぐれにくく，煮たキチジは身が軟らかく，ほぐれやすく，あぶらっこい。その他の魚はその両者の間のテクスチャーである。

　筋線維は魚肉の細胞に相当し，そぼろ（でんぶ）の一本一本にあたるが，その太さと長さは魚種によって違っていた。カツオは細くて短い筋線維をもち，キチジは太くて長い筋線維をもっていた。また，筋肉を構成するタンパク質は，筋原線維タンパク質，筋形質タンパク質，基質タンパク質に分けられるが，5種の魚の（筋形質タンパク質量／筋原線維タンパク質量）を見ると，カツオは筋形質タンパク質が多く，この値が大きい。一方，キチジは逆にこの値が小さい。

　ためしに，ちょうど奥歯で魚肉を噛むような動作をするテクスチュロメータという機器で，煮たカツオとキチジを一回咀嚼した状態を作り出し，走査型電子顕微鏡で観察したものが写真3-2である。煮たカツオは細い筋線維がギッシリ詰まっており，その筋線維のあいだを筋形質タンパク質が埋めているのがみえる。これを咀嚼すると咀嚼する前の状態に比べ，筋線維が少しずれているだけであるが，煮たキチジは太い線維が見えるが線維の間を埋める筋形質タンパク質はそれほど多くない。キチジを咀嚼すると，筋線維は激しくばらばらになり，その一部しか写っていない。このように噛んだときにほぐれにくいものと，

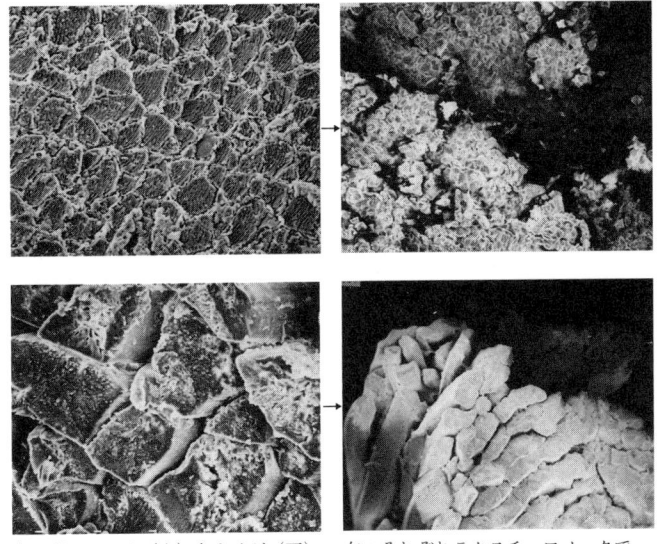

3-3 魚種別のテクスチャーとコラーゲン

左：煮たカツオ（上）とキチジ（下）
　　（200倍）
右：それぞれテクスチュロメータで
　　1回咀嚼した状態（50倍）

写真3-2　カツオとキチジを噛んだときの硬さのちがい
(畑江敬子ほか，1990)

ほぐれてバラバラになりやすいものがあり，その違いは筋線維の間を接着するように凝固している，筋形質タンパク質の量が関わっているようである。

　それでは，生魚のテクスチャーに関わっていたコラーゲンはどうなったかというと，魚肉のコラーゲンは畜肉に比べ，低い温度でゼラチンになるので，加熱すると，テクスチャーに対する影響はほとんどなくなるのである。

3-4 魚介類の旬

(1) 俳句と魚介類の旬

　　目には青葉　山ほととぎす　初がつお

というおなじみの句は初夏の風物を詠んだもので、さわやかな情景が目にうかぶようである。俳句には季節を読み込む、特に決められた季語があり、日本人の季節に対する繊細な感覚を示している。季語には魚介類がいくつか選ばれており、その季節が旬と考えてよい。水原秋桜子が編纂した俳句小歳時記によると、次のような季語がある。もっとも近年は脂っこい食べ物が好まれる傾向にあるので、カツオも秋に脂ののる戻り鰹が喜ばれるようである。

　早春：白魚
　蘭春：柳鮠（ハヤ），栄螺（サザエ）
　晩春：鰆（サワラ），蛤（ハマグリ），蜆（シジミ）
　　　　渦潮の鰆とる舟かしぎ舞う　　　　　山口草堂
　初夏：鰹（カツオ），黒鯛（クロダイ），鱚（キス），鮎（アユ）
　　　　鱚の背のうすき網目の涼おぼゆ　　　大野林火
　盛夏：飛魚（トビウオ），蟹（カニ）
　初秋：鱸（スズキ）
　仲秋：秋刀魚（サンマ），鰯（イワシ），鯊（ハゼ）
　仲冬：鮪（マグロ），鰤（ブリ），河豚（フグ），牡蠣（カキ）
　　　　寒鰤のいずれ見劣りなかりけり　　　鈴木真砂女
　厳冬：鱈（タラ），鮟鱇（アンコウ）
　　　　鮟鱇鍋小さき独りの酒愛す　　　　　遠藤梧逸

(2) 魚介類の旬と脂ののり

魚の旬は一般に産卵期で説明される。魚肉の成分はタンパク質が約20％で，80％を水分と脂質で占めているが，脂質が増えると水分が減る。魚の筋肉は産卵期の前になると脂質を多く含むようになり，産卵期を過ぎると減ってしまう。

身に脂がのっておいしい「旬」とは産卵期前の栄養状態のよい時期をいうことが多い。夏に産卵する魚は春が，冬に産卵する魚は秋が旬である。この季節変動は天然魚はもちろん，飼料

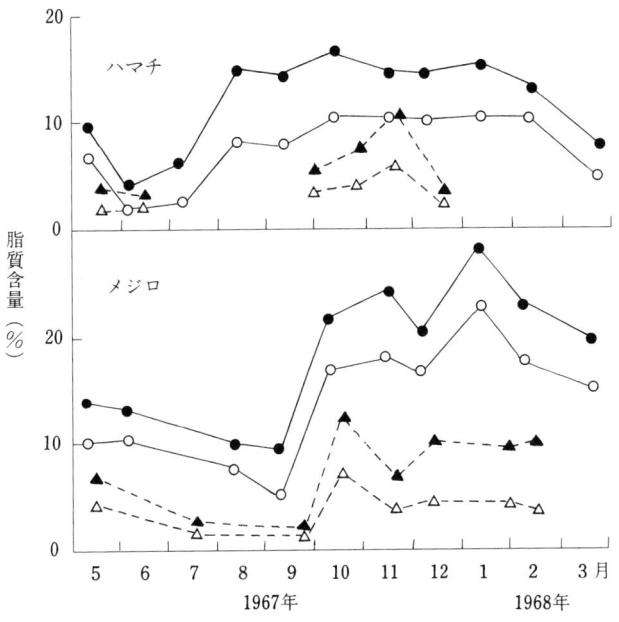

○：養殖魚背肉，●：同左腹肉，△：天然魚背肉，▲：同左腹肉

図3-2　ブリ筋肉脂質含量の季節変化（志水寛他，1973）

□：道東，   ▨：房総・常磐，   ●：平均値

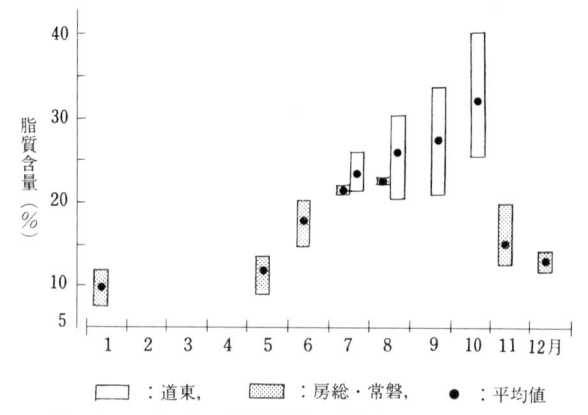

図3-3 マイワシの脂質含量の季節変化 (熊谷昌士, 1985)

の関係から養殖魚にもあてはまる。図3-2はブリの筋肉に含まれる脂質の季節変化を示したものであるが，天然魚も養殖魚も夏に少なく，冬に多いことがわかる。ブリの旬は冬で，寒鰤と呼ばれて賞味される。

太平洋岸のマイワシは主として2月から4月に産卵する。その後，餌を求めて房総沖・常磐沖を北上し，7月から10月に

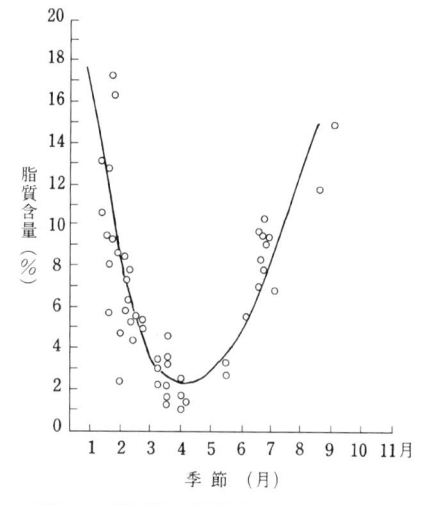

図3-4 銚子沖で漁獲されたマイワシの筋肉脂質含量の季節変動

(荒井, 1942；須山・鴻巣編, 1987)

釧路沖に到達する。10月から1月には南下して再び房総沖に現れて産卵の準備にはいる。脂質の量は房総沖では8月に最も多く，釧路沖で獲れるものは10月に多くなる。一般に，体長が大きいものほど脂質の割合は大きくなる（図3-3，3-4）。

Study 5　出世する魚たち

成長するに従って呼び名が変わる魚を出世魚という。クロマグロやクロダイも地方によっては出世魚になる。

写真3-3　天然のブリ（ブリは出世魚として有名。）

① ブリは各地で呼び名が変わり，約100種類の別名がある。

関東：ワカシ，ワカナゴ→イナダ→ワラサ→ブリ
北陸：ツバエリ→コズクラ→フクラギ→アオブリ→ハナジロ→ブリ
丹後：マンリキ，イナダ→マルゴ→ハマチ→ブリ
山陰：ショウジゴ→ワカナ→メジロ→ハマチ→ブリ
瀬戸内：ツバス→ツカナ→ハマチ→メジロ→ブリ
関西：モジャコ→ワカナ→ツバス→ハマチ→メジロ→ブリ
紀州：ワカナ→ツバス→イナダ→ハマチ→ブリ，オオウオ
九州：ワカナゴ→ヤズ→ハマチ→メジロ→ブリ→オオブリ

② スズキ
　コッパ，デキ，カヤカリ→セイゴ→フッコ→スズキ→オオタロウ

③ ボラ
　ハク，ゲンブク，キララゴ→オボコ，イナッコ，イキナゴ，コツブラ→スバシリ，コボラ，ツボ→イナ，ミョウゲチ→ボラ→トド，オオボラ

④ コノシロ
　ジャコ，シンコ→コハダ→コノシロ

(3) マガキ，ホタテガイの旬

貝類は魚に比べると肉に含まれる脂質は非常に少ないが，やはり旬と呼ばれる時期がある。マガキは英語でRの付く月（9月 September〜4月 April）がおいしい期間と言われ，冬が旬である。一般に貝類の旬は可食部分に含まれるグリコーゲンの量で説明され，グリコーゲンの多い時期と旬の時期は一致することが知られている。マガキについてもRの付く月にグリコーゲンが多い（図3-5）。

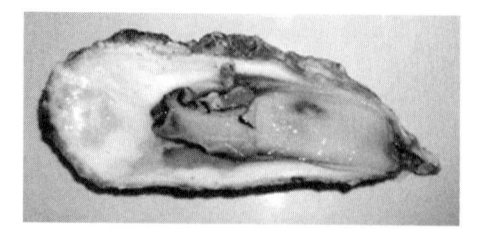

写真3-4　カキ

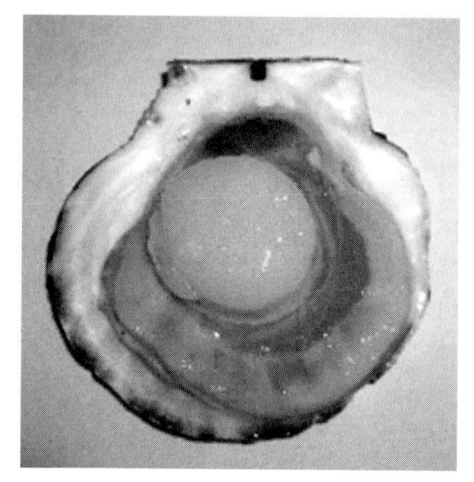

写真3-5　ホタテ

ルネッサンス時代の画家ボッティチェリの作品「ビーナスの誕生」に描かれている大きな貝はホタテガイである。

ホタテガイは世界中で古くから食用とされてきた。写真3-6はフランスの3つ星レストランで供されるホタテガイのマリネ

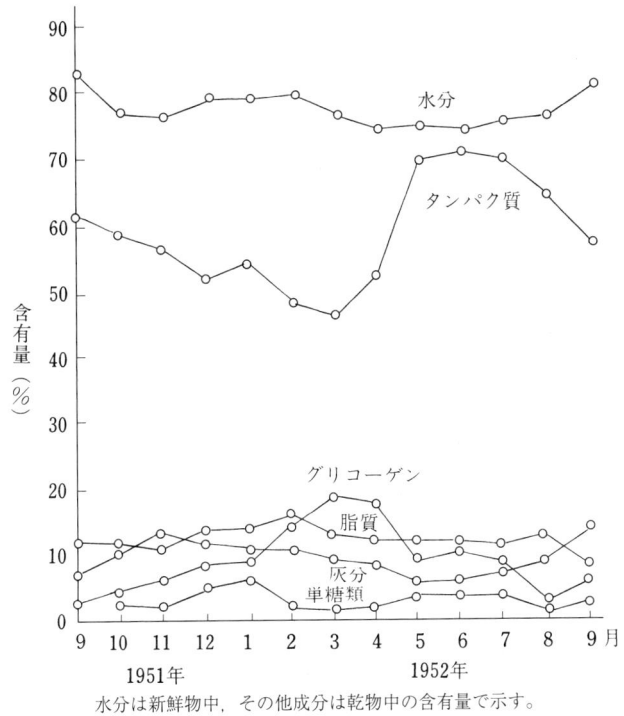

図3-5 カキの一般成分の季節変化 (土屋靖彦, 1955)

水分は新鮮物中,その他成分は乾物中の含有量で示す。

である。日本では1970年代から養殖が盛んになり,今ではカキよりも生産量が多くなっている。流通手段が未発達だったころは干し貝柱や缶詰などの加工品としての利用が多かったが,最近は低温で迅速な流通網が整備され,生鮮品として盛んに食べられるようになった。そのホタテの貝柱のグリコーゲンを調べると,マガキとは逆に6〜8月に多く,1〜2月に少なくなる(図3-6)。

50 第3章 おさしみを科学する

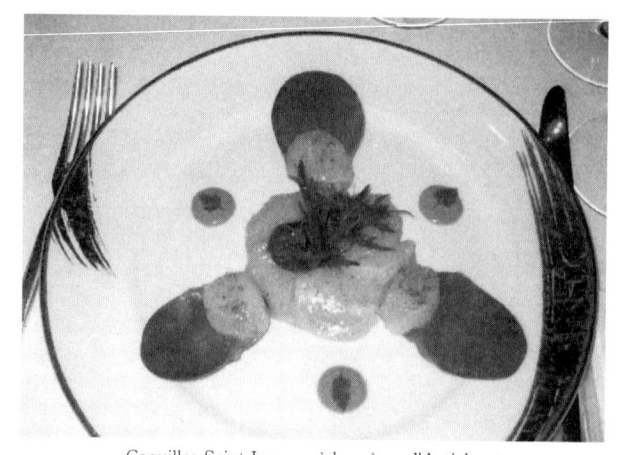

Coquilles Saint-Jacques à la crème d'Artichaut
写真3-6 フランスにある3つ星レストランのホタテガイのマリネ

写真3-7 ホタテの角作り

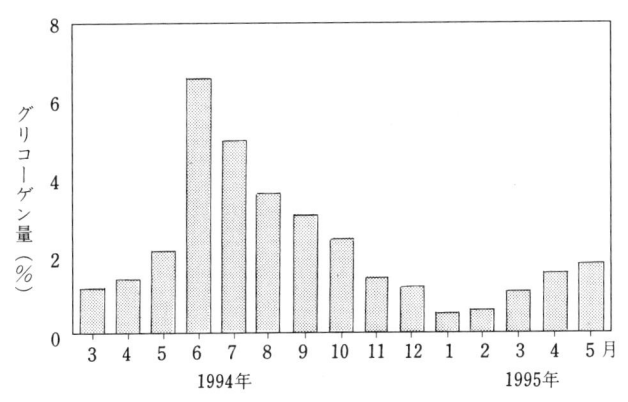

図3-6 ホタテガイのグリコーゲン量の季節変化
(川嶋かほる・山中英明, 1996)

図3-7 ボッティチェリのビーナスの誕生

Study 6 ホタテガイとイタヤガイ

　ホタテガイもイタヤガイもどちらもイタヤガイ科に属する。ホタテガイは北

海道，東北地方の沿岸の砂底に体の半分を埋めて棲息している。特に貝柱がおいしい。イタヤガイも俗にホタテガイと言うが，貝殻の表面の放射肋の数が8〜12本で，ホタテガイの放射肋20〜26本に比べ，少ない。地中海のジェームズホタテガイ（正しくはジェームズイタヤガイ）は十字軍の従軍記章にされたということである。ボッティチェリの「ビーナスの誕生」の絵に描かれているのも実はこの貝なのである（図3-7）。

(4) アワビの旬

高級な貝といえばアワビではないだろうか。回転すしなどにはニセモノのロコ貝などがアワビと称されていることがあるが，本物のアワビはなかなか手が出し難い値段がついてい

写真3-8　アワビ

る。アワビの旬は産地によっていくらか違っているが，一般に夏と言われるので，クロアワビの化学成分，テクスチャーを1年間を通して測定した。

① **脂質・グリコーゲン**

アワビも脂質は非常に少なく1％以下で，旬を判断する基準としにくい。グリコーゲンそのものの測定は行っていないが，アワビの一般成分から推測することができる。図3-8のように1年間にわたって筋肉中央部の成分を測定した結果，6〜8月に炭水化物が多くなっている。グリコーゲンは炭水

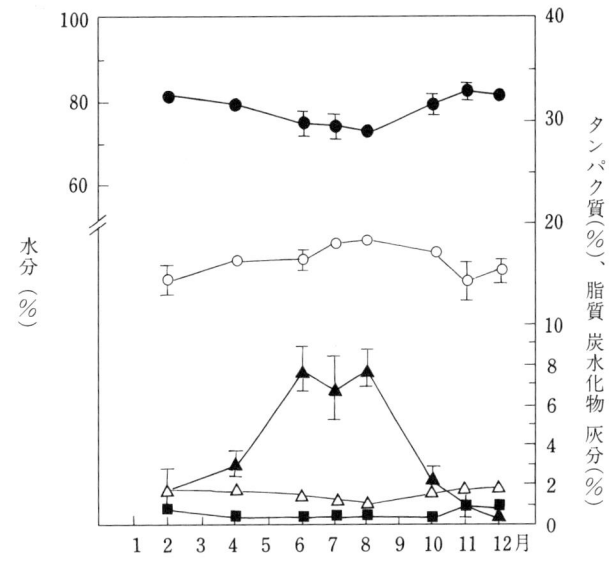

図3-8 クロアワビの一般成分の季節変化 (畑江敬子ほか, 1995)

化物の一種であるので、この時期に多いと考えられる。2月に最も低く（3.2％），7月に最も高くなる（6％以上）という別の報告もある。

② アミノ酸・AMP

次に，呈味成分である遊離アミノ酸，ペプチド態アミノ酸（アミノ酸が数個〜十数個結合したもの），AMP（アデノシン一リン酸，図2-5参照）も測定した。すると，これらにも季節変動があり，6〜9月に多く，味が落ちるといわれる産卵期・禁漁期の11〜2月に少なかった。

③ テクスチャー

さらに,生のアワビのおいしさの重要な要素であるテクスチャーを測った。クリープメータという破断力を測定する機器を使って試験し,その破断応力によって評価した。破断応力が大きいほど肉質は硬いことを表している。その結果,旬の時期には破断応力は小さい,つまり軟らかいことがわかった。また,遠心分離法で測定した保水性は旬の時期にジューシーであることを示している(図3-9)。

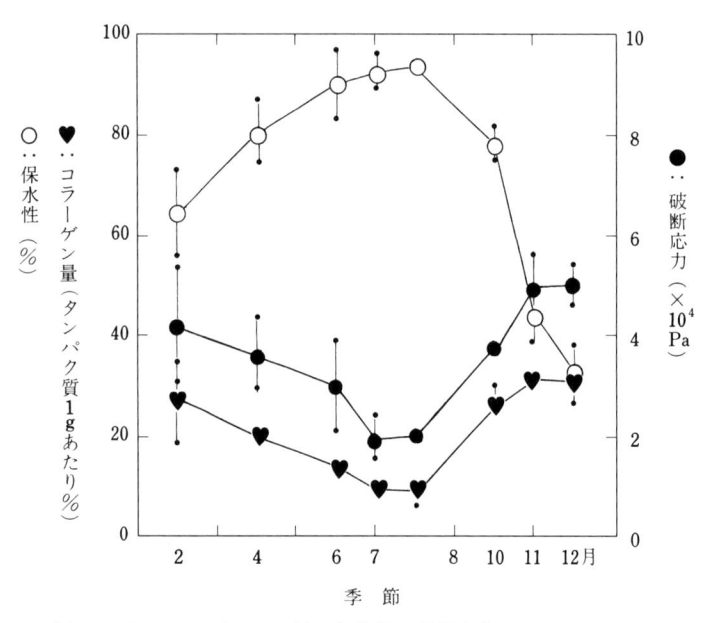

図3-9 クロアワビコラーゲンと物性の季節変化 (畑江敬子ほか,1995)

④ **コラーゲン**

　魚では身の歯ごたえとコラーゲンの関係を述べたが，アワビでも同じように肉の硬さとコラーゲン量に正の相関があり，図3-9のように，旬の軟らかい時期には筋肉タンパク質中のコラーゲンが少なくなっていた。

これらをまとめると，アワビの旬といっている時期はうま味に関わる遊離アミノ酸やペプチド，AMPが多く，肉質が軟らかい時期であった。図3-10に物性と化学成分を合わせて主成分分析を行った結果を示したが，アワビの食味はこのように3次

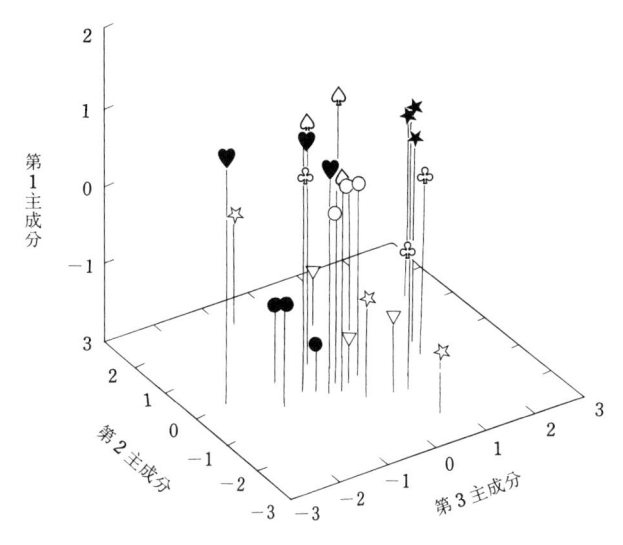

●：2月，○：4月，★：6月，♤：7月
♥：8月，♣：10月，▽：11月，☆：12月

図3-10　主成分分析によるクロアワビの味とテクスチャーを合わせた食味の季節変化（畑江敬子ほか，1995）

元空間にプロットされ、11〜2月を手前の低い位置に、順次4月から向こう側の6〜8月の高い位置に向かって変化し、また、順次手前にむかって変化するということがわかる。つまり、アワビの食味はこのようなサークルを描いて季節変化をしていることがわかった。

| Study 7 | 古くから食用とされた貝

全国から貝塚が見つかっていることから、貝類は古くから食べられていたことがわかる。貝類は大部分が浅い海に生息しほとんど移動することなく、定着性であるため、魚類に比べると捕獲がしやすい。そのことが、動物性タンパク源として貝類がさかんに食べられた理由と思われる。

近世になると食用とする貝の種類はさらに豊富になる。江戸時代初期（1643年）の料理書『料理物語』「第一 海の魚の部」には、「鮑、辛螺、栄螺、つべた、よなき、みるくひ、たいらぎ、赤貝、鳥貝、ほたて貝、蠣、蛤、ばい、馬蛤、うに、田螺、からすがい、いのかい、蜆」などの貝類が料理法と共に記されている。当時のトリガイの料理法としては、同書の「第十一 指身の部」に、「栄螺 よなき みるくひ 鳥がひ たいらぎのわたなどは つくりゆがきてわさびみそずにてよし」と記されている。また、1803〜1820年頃の書物『素人庖丁』の中では、「魚鳥飯の部」や「魚類雑炊の部」にシジミ、ハマグリ、カキ、トリガイが並んで紹介されている。貝は江戸時代には庶民の一般的な食材であったことがうかがえる。

3-5 貝のテクスチャーと筋肉の構造

貝類の中で、私たちが生で食べる機会が多いものを挙げてみると、アカガイ、アワビ、カキ、タイラガイ、トリガイ、バカガイ（アオヤギ）、ホタテガイ、ホッキガイ、ミルガイなどだろうか（すし屋のお品書きのようであるが）。ここでは、魚と

は違った独特のテクスチャーを生み出す，貝類の筋肉の構造をみることにする。

前に述べたように，私たちが通常食べている魚肉の部分は骨格筋で，その筋線維は横紋筋からなる。貝類の場合は貝柱の透明部分は横紋筋であるが，不透明な部分は平滑筋からなっている。そのため，魚とは一味違ったテクスチャーを味わうことができるのである。

無脊椎動物のイカ・タコ，エビ，貝類の筋線維を構成する筋原線維のミオシン（図2-11参照）は，その中心にパラミオシンという脊椎動物には見られないタンパク質が存在し，その集合体を芯にして脊椎動物よりも太い線維が形成されている。

(1) 旬のアワビの組織構造

前項の(4)で述べたように，アワビは旬になると肉質が軟らかくなる。そのことを確かめるために，旬の7月と味の落ちる1月のクロアワビの筋肉断面を，走査型電子顕微鏡で観察し，その組織構造を比較した（写真3-9）。

写真をみると，1月（下）のアワビは組織構造が密で，繊維状の構造が隙間なく詰まっているが，7月（上）は構造が粗くなっている。このことからも，旬のアワビは肉質が軟らかく，味の落ちる時期は硬いことが説明できる。

(2) ミルクイ（ミルガイ）と代替品ナミガイのテクスチャー

すし屋などで「ミル貝」と称されているものは，今ではほとんどがナミガイを使っているかも知れない。本物のミルクイ

58　第3章　おさしみを科学する

（ミルガイ）はバカガイ科の二枚貝で，殻の開いた後端から出る，黒く太い水管をもっている（写真3-10）。食用となるのは主に水管で，黒い皮を剥ぐと白っぽい身がでてくる。高級すし種として，弾力のあるテクスチャーを楽しむ。

最近はミルクイの資源が減少し，その代替品としてナミガイが市場に出回っている。ナミガイはキヌマトイガイ科の二枚貝で，ミルクイに比べると殻は薄く脆い。長い水管をもち，殻を閉じることはできない。市場では「白ミル」と呼ばれているが，異なる種類である。価格はミルクイの1/3～1/4程度と安価である。

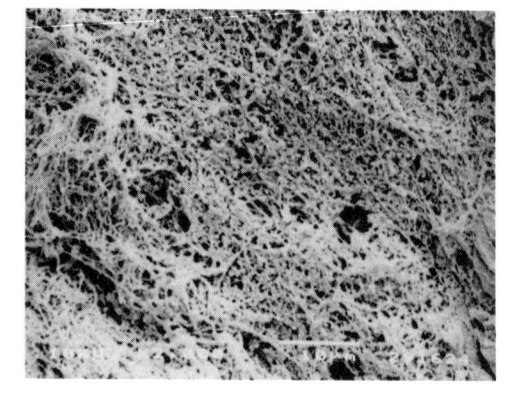

上：旬の時期（7月），下：1月で不味
旬の時期はコラーゲンのネットワークとみられる構造が疎で肉質は軟らかい。

写真3-9　クロアワビ筋肉の組織構造と旬

（畑江敬子ほか，1995）

3-5 貝のテクスチャーと筋肉の構造 59

ミルクイ

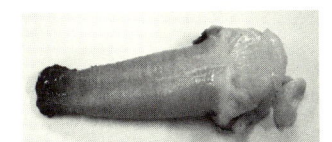

ミルクイの水管

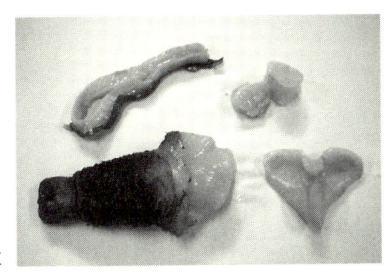

ミルクイの各部位

ナミガイ

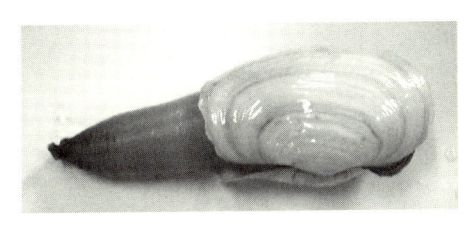

ナミガイの水管

ナミガイ水管の内部

水管の部分をさしみにする。

写真3-10 ミルクイ（上）とナミガイ（下）

60　第3章　おさしみを科学する

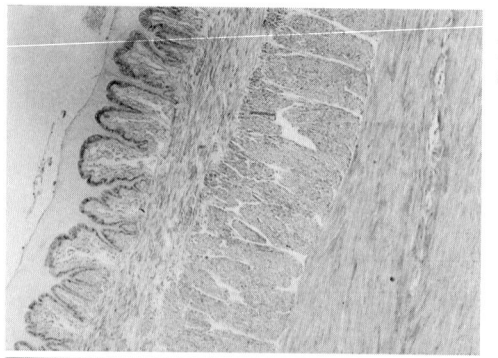

ミルクイ
方向性の異なる3つの筋線維層がはっきりとみえる。

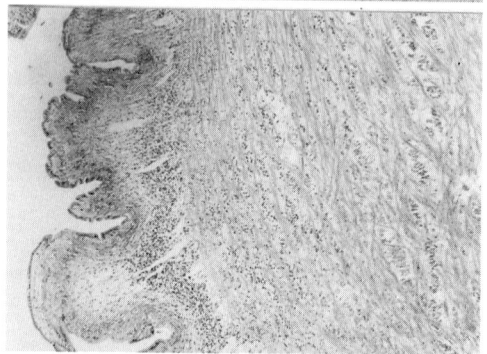

ナミガイ
筋線維はミルクイほど密集しておらず，方向性もない。

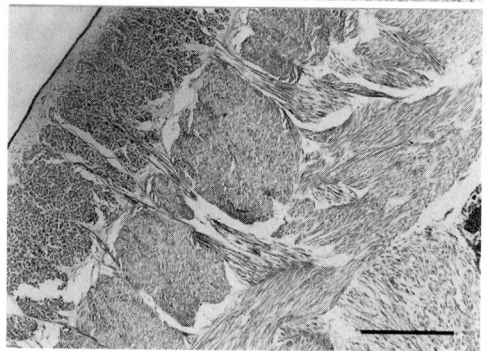

トリガイ
表層から奥まで貫く筋線維が走り，強固な構造となっている。

――：500μm
ヘマトキシリン・エオジン染色

写真3-11　ミルクイ，ナミガイ，トリガイの水管の組織構造（横断面）

(笠松千夏，2004)

縦断面 　　　　　　　　　　　横断面
(上)ミルクイ:筋線維が細くち密　(上)ミルクイ:細い筋線維が密
(下)ナミガイ:筋線維が太くランダム　(下)ナミガイ:筋線維が大きく疎構造
　　　　━━:100μm, ヘマトキシリン染色

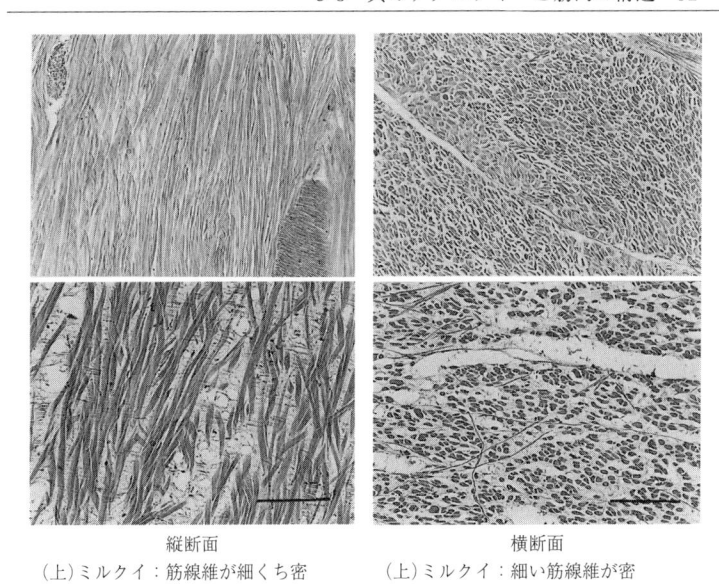

写真3-12　ミルクイとナミガイの水管の筋線維の状態の比較

(笠松千夏, 2004)

　両者を食べ比べてみると，ミルクイはどちらかというとシャリシャリした感じで，ナミガイの方がコリコリというのがあたっている。この違いを調べるため，水管の部分の組織構造を光学顕微鏡で観察した。写真3-11(口絵2)で示すようにミルクイでは水管の輪筋層が3層からなり，3種の方向性の異なる筋線維からなっている。この筋線維は互いに密着し規則正しく層構造をなしている。一方，ナミガイの方は筋線維は密集しておらず，縦横に不規則に走っている。このような組織構造の違

62 第3章 おさしみを科学する

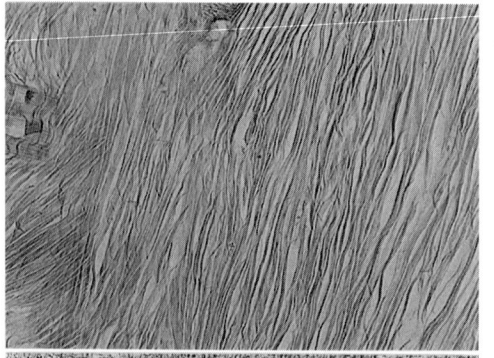

ミルクイ
コラーゲンはほとんどない。

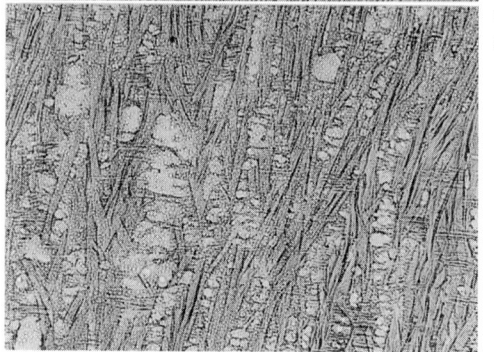

ナミガイ
コラーゲンがいくらかある。

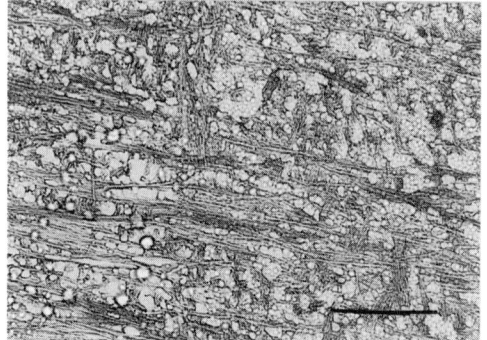

アワビ筋肉
コラーゲンが多い。

——：100 μm
アルデヒドフクシン染色
（コラーゲンは赤く染まる）

写真3-13 ミルクイ，ナミガイ水管とアワビ筋肉中のコラーゲン（縦断面）（笠松千夏，2004）

いがミルクイとナミガイのテクスチャーの違いをもたらしているものと考えられる。

参考までにかみ切りにくいトリガイの光学顕微鏡写真を示した（写真3-11，下）。トリガイの水管部分は筋線維がねじれた強い丈夫な構造が観察され，トリガイの強い弾力はこのような構造によることがわかる。

ミルクイとナミガイの筋線維の太さと密集度合いの違いは拡大写真で一層明瞭である（写真3-12）。このナミガイの不規則な構造はアワビやサザエと似た構造である。なお，アワビには不規則なコラーゲンが観察されたが，ナミガイには少ししか，ミルクイにはほとんどコラーゲンは観察されなかった（写真3-13，口絵3）。このことが，生では硬いアワビでも長時間加熱するとコラーゲンのゼラチン化によって軟らかくなるのに対して，ミルクイもナミガイも長時間加熱しても軟らかくならない理由の一つである。

ところで，ミルクイとナミガイからエキスを抽出して，そのエキスだけを味わうと，ナミガイの方が味がよい。したがって，すし種など生ではミルクイの方が好まれているが，炒め物などの加熱調理として食べる場合はナミガイの方が味がよい。

3-6　イカの筋肉構造とテクスチャー

(1) アオリイカ，スルメイカ，ヤリイカのおいしさ対決

イカは日本人の魚介類消費量のなかで1，2位を占める，食生活のなかでも重要なものである。煮たり，焼いたり，フライにしたり，また加工品としても食べられる他，さしみやすし種，

酢の物など生でも食べられる。このように日本人に馴染みの深いイカであるが、日本人が食べているのは450種あるイカのうち、約30種といわれている。イカの寿命はよくわかっていないが、スルメイカ、ヤリイカなど我々に馴染み深いイカの場合、寿命は1年である。

　すし種として、最も高級なイカはアオリイカとされている。スルメイカは大衆的なイカでよく食べられているが、どちらかというと加熱して食べられるイカである。このように食べ方を変えるのはなぜだろうか？

　3種の活イカの生肉からエキス成分を抽出して官能検査を行った。すると、アオリイカは甘味が強く一番好まれた。スルメイカは苦味があって人気がなく、ヤリイカはその中間になった。この理由として、アオリイカには遊離アミノ酸が多く含まれており、なかでも甘味を感じるグリシンが非常に多いこと、スルメイカは甘いグリシンベタインが多いものの、苦味のあるヒスチジンやヒポキサンチンも多いことが挙げられる。また、これらのイカを冷蔵庫で24時間貯蔵したところ、アオリイカは甘味とうま味が一層増しておいしくなった。

　次に、24時間貯蔵したイカを加熱したところ、スルメイカはうま味が増して好ましくなった。これらのことからも、アオリイカがさしみで食べられ、スルメイカは加熱して食べられることが比較的多いことは適切な食べ方である。

(2) イカの貯蔵とテクスチャー
　テクスチャーについても調べてみたが、イカの硬さの好みは

3-6 イカの筋肉構造とテクスチャー　65

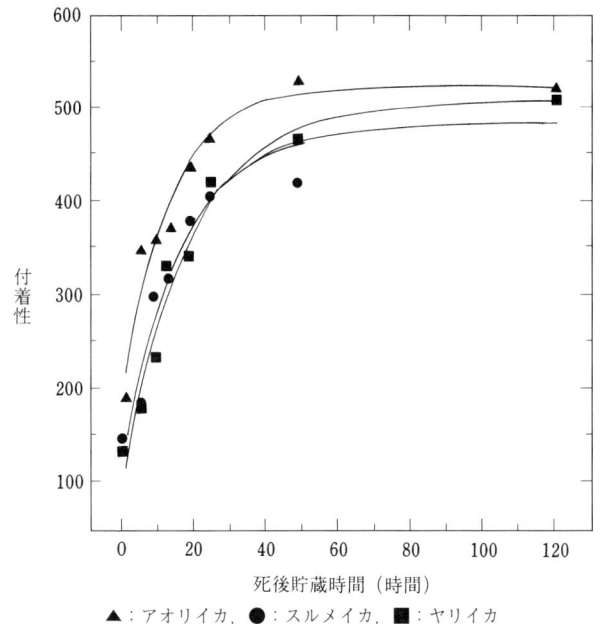

図3-11　3種のイカ貯蔵中の付着性の変化
▲：アオリイカ，●：スルメイカ，■：ヤリイカ
(香川実恵子ほか，2002)

人によって個人差が大きく，必ずしも硬くコリコリしたものが好まれるわけではなかった。生の場合，スルメイカは硬すぎ，アオリイカやヤリイカの方に支持が集まった。24時間貯蔵したものは，生の場合はねっとりしたテクスチャーになったが，加熱した場合は貯蔵前とほとんど違いは感じられなかった。

イカ肉のテクスチャーがねっとりした感じに変わるのは，水揚げ後1日以内に起こり，それ以降は変化が少なくなる。クリープメータや針入度試験器で測定すると，付着性（ねっとり

図3-12　3種のイカ貯蔵中の針入度の変化

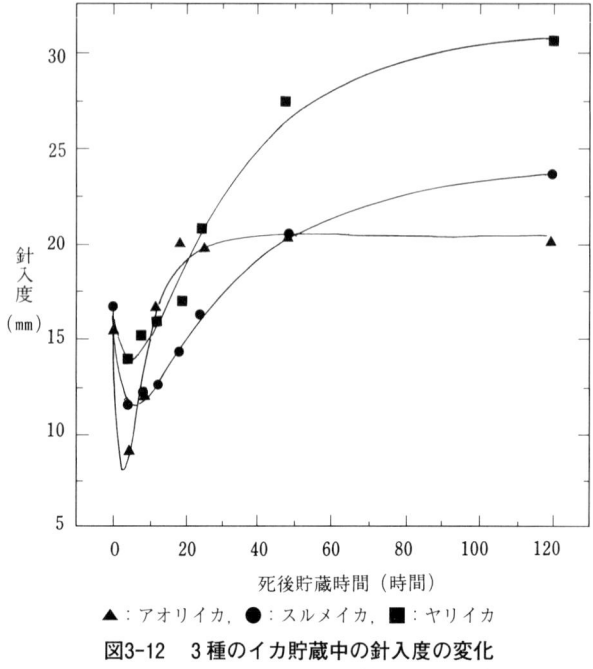

（香川実恵子，2002）

感）は20時間までは急速に進み，それから48時間後までは緩やかに増加し，以降は一定となった（図3-11）。針入度（軟らかさの指標）は3〜5時間後にいったん大きく（硬く）なり，その後軟化した（図3-12）。

スルメイカの1日以内に起こるタンパク質の変化はSDSポリアクリルアミドゲル電気泳動で調べることができた。イカの破断強度（硬さの測定値）は5時間後まで高くなり，その後は低下した，つまり軟らかくなった。針入度の変化は図3-12と同

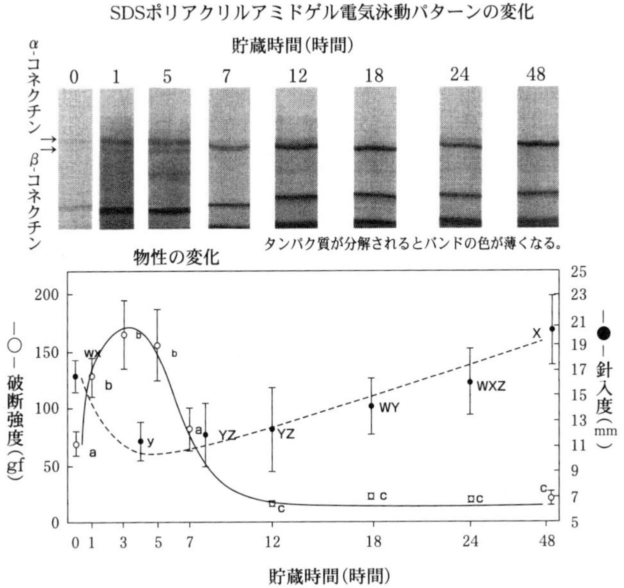
SDSポリアクリルアミドゲル電気泳動パターンの変化
貯蔵時間(時間)
0 1 5 7 12 18 24 48
α-コネクチン
β-コネクチン
タンパク質が分解されるとバンドの色が薄くなる。
物性の変化
○ 破断強度(gf)
● 針入度(mm)
200
150
100
50
0
25
23
21
19
17
15
13
11
9
7
5
0 1 3 5 7 12 18 24 48
貯蔵時間(時間)

破断強度が下がりはじめる（軟らかくなる）7時間からαコネクチンのバンドは消失しはじめる。

図3-13 スルメイカの短時間貯蔵における物性変化とタンパク質（α－コネクチンとβ－コネクチン）の変化 （笠松千夏，2004）

じである。この軟らかくなり始める7時間から，α-コネクチン（図2-11，Study 4 参照）が分解することが確認された。つまり水揚げ後の物性変化は非常に速く進行することがわかった(図3-13)。すなわち，0時間ではα-コネクチンのみであるが，1時間および5時間貯蔵したものはα-コネクチンと，β-コネクチンの2本のバンドが見える。12時間以降はα-コネクチンのバンドは消失し，β-コネクチンのみになった。

(3) なぜ焼きイカは反り返るのか

普通，動物の絵を描くときには頭を上に，腹を下にする。イカの頭はどこかというと，目のある部分である。すると，筒状の胴がその下になる。「イカのミミ」と俗に呼ばれているところは鰭である。イカやタコの絵を描くと，つい足を一番下にしてしまう人が多いが，腹を頭の下にしなければイカ・タコに失礼と言わなければならない。したがって図3-14のように足を上に描くのが正しい。図鑑は正しく腹は頭の下，足が上に描かれている。足が頭からでているので，頭足類と

A．表皮の第3，4層のコラーゲン繊維の存在により，表側に著しく湾曲する。

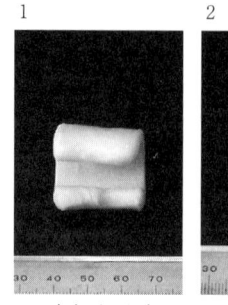

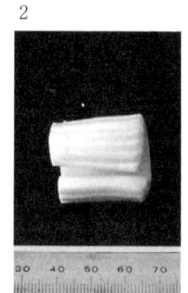

1. 皮を剥いたもの
2. 内皮に，体軸と直角方向に切り込みを入れたもの。

表皮の第3，4層および内皮のコラーゲン繊維は体軸方向に走っている。加熱によってコラーゲン繊維は大きく収縮し，イカ肉は湾曲する。

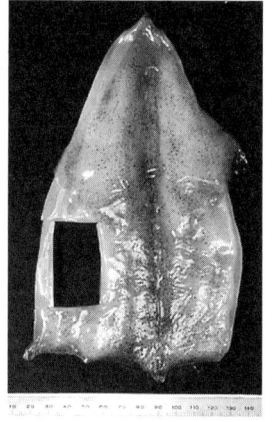

体軸方向

写真3-14　イカ胴肉の加熱による収縮

3-6 イカの筋肉構造とテクスチャー　69

B. 表皮の第3，4層および内皮のコラーゲン繊維の存在により，表側にわずかに湾曲する。

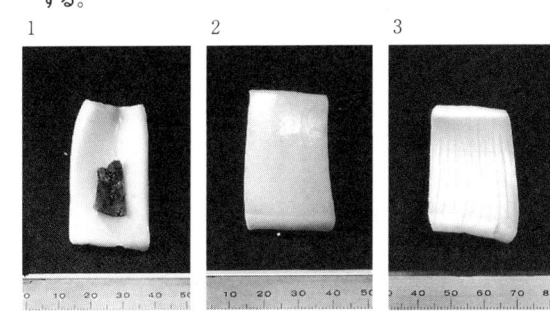

1　　　　　　2　　　　　　3　　　　　　4

1．内皮を剥いていないもの。
2．黒褐色の表皮の第1，2層を剥いたもの。
3．表皮の第3，4層に，体軸方向に切り込みを入れたもの。
4．内皮に，体軸方向に切り込みを入れたもの。

C. 内皮のコラーゲン繊維の存在により，内側に湾曲する。　　**D. 湾曲しない。**

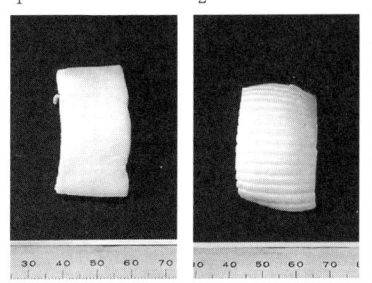

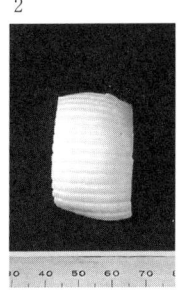

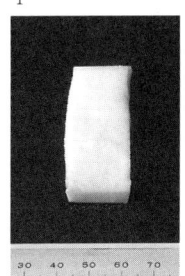

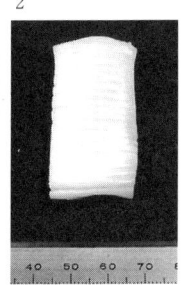

1　　　　　　2　　　　　　　　　　　　　1　　　　　　2

1．表皮を完全に剥いたもの。
2．表皮の第3，4層に，体軸に対して直角に切り込みを入れたもの。

1．表皮および内皮を完全に剥いたもの。
2．表皮の第3，4層および内皮に，体軸に対して直角に切り込みを入れたもの。

アオリイカ　　スルメイカ　　ヤリイカ

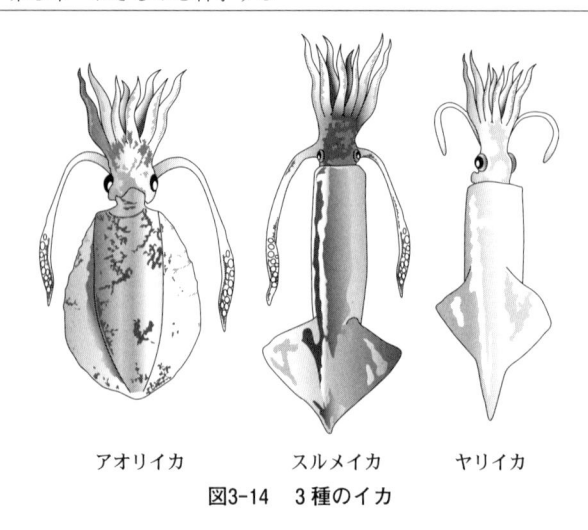

図3-14　3種のイカ

いうのである。

　私たちがさしみやすしで食べている部分は胴肉，正確には外套膜という。外套膜を開いて加熱すると，外側の表皮を中にして体軸方向と垂直の向きに丸くなる。外側の表皮を剥いて焼いてみると，今度は内側を中にして体軸と垂直方向に丸くなる（写真3-14，口絵4）。

　イカには外側に4層，内側に2層の表皮がある。表皮は丈夫なコラーゲンからできていて，これが短時間加熱すると縮んでくる。イカを調理するときに，外側の色の付いた2層までは容易に剥けるが残りの2層，特に第4層は筋肉部分のコラーゲンと結合しているので，これを完全に剥くことは難しい。無理に剥こうとすると，肉の部分も道連れになってしまう。

　この反り返る性質を利用して，調理するときにアクセントを

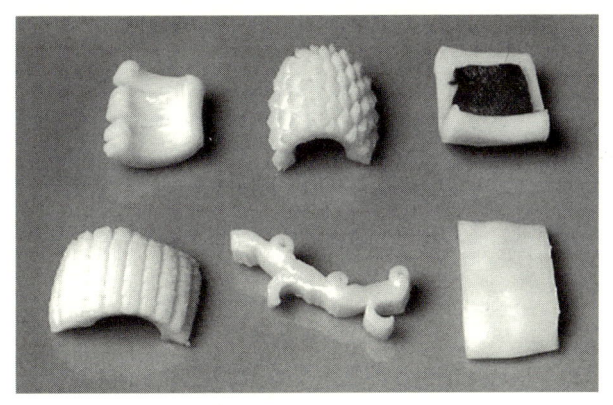

写真3-15　イカの飾り切り

つけることができる（写真3-15）。表皮2層を剥いたイカの外側の表面に切り目を入れておくと，第3，4層のコラーゲンが切断され，加熱されたイカは内側の皮に引っ張られて内側に丸くなる。外側は切り目のとおりに開くので，いろいろな模様や形になる。松笠イカや布目イカ，唐草イカはこのようにしてできる。内側に切り目を入れると，やはり外側を中にして丸くなる。中華料理でもこのような切り方をする。

(4) イカの体色の死後変化

海や水槽で泳いでいるイカは透明で，特にアオリイカなぞはまるでまぶたに緑色のアイシャドーをつけているように見え，本当に美しい。水揚げ後は4時間ぐらいまでは透明であるが，やがて体色は赤黒褐色となる。それを過ぎるとつぎは白色になる。この体色の変化はイカの表皮に多数分布する約0.5～2 mm

の色素胞が拡張したり，収縮したりすることによる。イカは緊張したり，死後エネルギーのある間は色素胞の周囲の放射筋が収縮する。するとそれにひっぱられて色素嚢が拡張し，体色は赤黒褐色となる。死後さらに時間がたって放射筋が収縮するためのエネルギーが得られなくなると，放射筋は弛緩して色素嚢は収縮し，

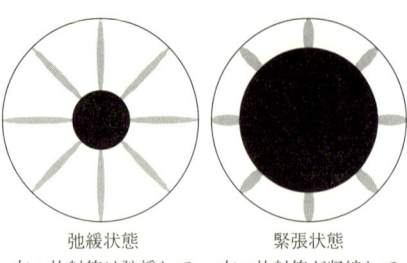

弛緩状態
左：放射筋は弛緩して
　　色素嚢が収縮

緊張状態
右：放射筋が収縮して
　　色素嚢が拡張

図3-15　イカの体色変化と色素胞の状態

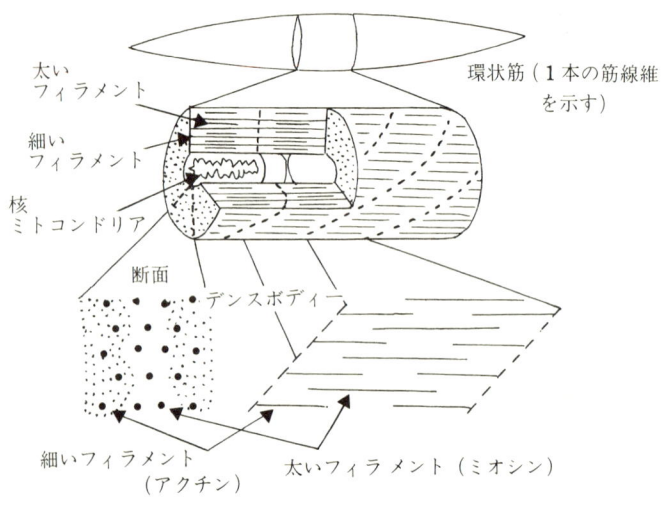

十数本の筋原線維がミトコンドリア等を芯にして束ねられている。
Z線の代わりにデンスボディーが斜めに走っている。

図3-16　イカ，タコ斜紋筋の微細構造 (土屋隆英，1988)

白色になる。

(5) さきイカになる筋肉構造

イカの外套膜（胴肉）の筋線維は斜紋筋（図3-16）（Study 3参照）という，無脊椎動物に特有の構造をしている。この筋線維は，イカ・タコのほかにはミミズや回虫など数種にしか見出されていない，珍しいものである。横紋筋に見られるZ線がなく，代わりにデンスボディーがあり，それが筋原線維に斜めに走っている。

イカの外套膜は図3-17のように筋線維が体軸に垂直なX，Yの2方向に走っている。つまり，一つは外套膜の表側から内側に走る筋線維（放射状筋）で，もう一つはこれと直行（環状筋）している。そしてコラーゲン繊維がこれらの間を走ってい

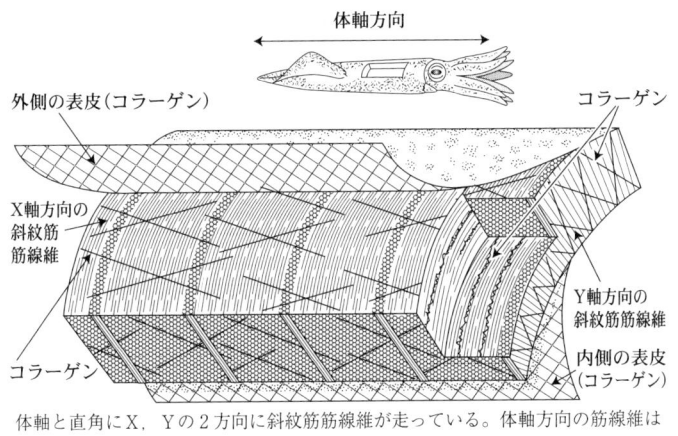

体軸と直角にX，Yの2方向に斜紋筋筋線維が走っている。体軸方向の筋線維はない。筋肉内にコラーゲンが走っている。

図3-17　イカ外套膜の微細構造 (J.M.Galine & M.E.Demont, 1985)

る。体軸に平行な筋線維はないので，加熱したイカは体軸の垂直方向に，胴を横の向きに裂くことができるのである。さきイカもこの方向に裂いて作られている。

3-7 生ウニを長持ちさせる

(1) 生で食べるのは日本だけ

すしの軍艦巻きといえば筆頭はウニ，二番手がイクラだろう。あまり知られていないが，ウニは古くから世界中で食用とされてきた水産物である。古代ギリシアの哲人アリストテレス（B.C.384〜322）の著作『動物誌』にもウニが食用として記述されている。また，古代ローマ帝国のポンペイ遺跡からも炊事場からウニの殻が発見されている。日本でも有史以前から食用とされていたらしい。現在でもヨーロッパやアメリカで食べられているが，ソースやスープに調理され，あるいは缶詰に加工

写真3-16　ウニのさしみ

され生で食べることはほとんどない。

　ウニの食用とされる部分は生殖巣で，殻の内側に5つの房になっている。日本では主にバフンウニ，エゾバフンウニ，ムラサキウニ，キタムラサキウニ，アカウニを食べる。最近では外国からも，日本産に比べるとかなり大振りな生ウニが輸入されるようになった。

Study 8　アリストテレスの『動物誌』

　アリストテレスが見聞した動物に関する知識を，客観的叙述によって集大成した。魚介類は約120種，昆虫は60種，全部で500種を越える異なる種の動物を研究対象としている。アリストテレスのこの成果により，生物学研究の基礎が築かれた。

　ウニの口にあたる，五角錐を逆にしたような形の器官を「アリストテレスのランタン」という。大博物学者にちなんで命名したらしい。ランタンというのは形がちょうちんに似ているからである。

（2）　ミョウバン水処理で長持ちする生ウニ

　ウニの旬は2〜4月で，新鮮なうちは特有のフレーバーとテクスチャーをもち，鮮やかな一粒一粒がしっかり判別でき，たいへんにおいしい。しかし，時間が経過して鮮度が落ちてくると，房を構成している小さい粒は識別しにくくなり，房の形もだれて形も崩れてくる。海水で洗って冷蔵した生ウニが何日後まで食べられるのか実験したところ，3日後まではまったく問題なく食べられるが，徐々に匂いが変化してきて，7日後には半数の人が生では食べないと答えた。

　このようにウニの身がだれてくる理由として，まず考えられ

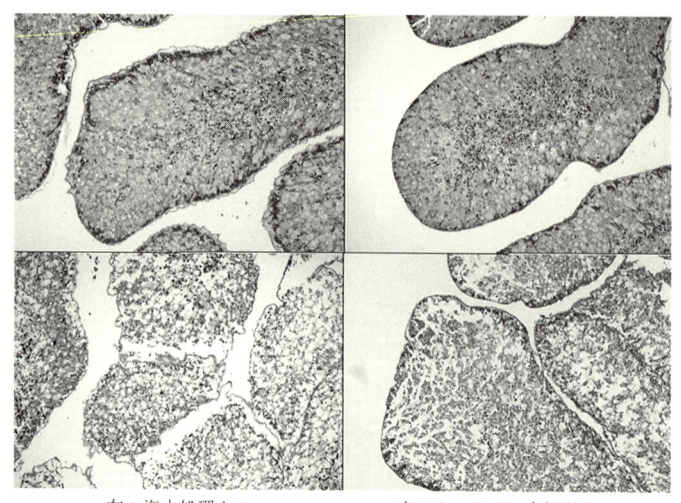

左：海水処理ウニ　　　　　　　右：ミョウバン水処理ウニ
　ミョウバン水に短時間浸すだけで身がだれにくくなる。

写真3-17　0日（上）および7日間（下）貯蔵したキタムラサキウニ断面の光学顕微鏡写真

るのは微生物の繁殖である。そこで，人間が食べることはできないが，実験のために，ナトリウムアザイドという防腐剤を含んだ海水で処理して，微生物の繁殖を抑えてみた。ところが，内容物が外に溶け出すような変化は抑制されたが，やはり身はだれてしまった。したがって，これは微生物以外の原因，たとえば酵素などが犯人と考えられる。

　高価なウニも身がだれてしまっては商品価値を大きく損なってしまう。現在は身だれを防ぐために，ほとんどのウニをミョウバン水で処理している。こうすると，少しだけ身がだれるのを遅らせることができる。光学顕微鏡でウニの房を観察してみ

ると，最初は海水で洗っただけのウニもミョウバン水処理ウニも粒の形は明瞭に見えるが，7日後には前者は表面が崩れてしまっているのに対して，後者は表面がさほど崩れていない（写真3-17，および口絵5，6）。ミョウバン水処理をしてもそんなに長持ちするわけではない。しかし，ウニは保存性が悪いからといって冷凍してしまうと，解凍時に身が溶けてしまい，えぐ味が発生して商品価値はなくなってしまう。

3-8 珍味！ ナマコとホヤ

(1) ナマコは冬が旬

ナマコは北海道から九州・沖縄まで日本中の内海の浅い場所に生息している。多くの種類があるが，食用とされるのはマナマコ（体の色によってアカナマコ，アオナマコ，クロコという），オキナマコ，キンコ，ジャノメナマコなどがある。内臓を塩辛にしたものを「このわた」といい，卵巣を乾燥させたものを「くちこ，このこ」という。これらはどちらかというと酒の肴の珍味になり，一般家庭ではあまり食べない。

旬は初冬の12, 1月で，冬から春にかけて多く出回る。上皮をこすってぬめりを除くと水分が出て身が締まる。身を酢の物などにして，特徴のあるコリコリしたテクスチャーを味わう。

マナマコの体壁の90％が水であるにもかかわらず，歯ごたえは非常に強い。体壁のタンパク質はほとんどがコラーゲンでその隙間をムコ多糖が埋め，タンパク質と複合体（プロテオグリカン）を形成している。本川によると，沖縄のシカクナマコを手でさわると体壁を硬くするが，しばらく手でもんでいると体

壁は軟らかくドロドロになる。このナマコは、サンゴ礁の間を移動するときには体壁を軟らかくして通りぬける。岩の割れ目などにいるのを見つけてひっぱり出そうとすると、体壁を硬くしてとり出せない。このように体壁の硬さを変えることができる面白い生き物である。硬い状態を長時間持続する現象はキャッチ機構といわれ、エネルギーをあまり使わない強い収縮ができる。サザエが蓋を強く閉じていられるのもこのためである。

　ナマコを生食するのは日本だけで、内臓を除いて茹でてから乾燥させた「いりこ」は干しアワビ、フカヒレとともに中華料理の高級素材である。この3種は江戸時代に、はじめは長崎から、のちに日本各地から俵につめて「俵物」と称して中国に輸出されていた。なお同時に輸出された昆布、テングサ、スルメ、干し瀬貝は渚色（ショシキ）とよばれた。

(2) 夏が旬のホヤ

　食用となるホヤにはマボヤ（写真3-18）、アカボヤ、スボヤがある。北海道や東北地方でよく食べられている。動物とは思えない体をしているが、分類上は原索動物に属し、幼年期には脊索や鰓穴ができ、脊椎動物に近い種である。

　ホヤは外皮を除いて筋肉や内臓を食べる。ホヤの遊離アミノ酸は春から秋にかけて増加し、冬に減少する。筋肉中のグリコーゲンの割合は2月に2.3%、8月に9.0%となる（図3-18）。ホヤには特有の磯臭さ（オクタノール、デセノール、デカディエノールなど）があり、これが好きな人はたまらないというが、

逆に好まれないことも多い。

　後で述べるさば街道を調べていたら、その本の中に若狭から奈良大和の都に魚介類を送った記録があり、その魚介にはホヤ、ウニ、アワビなどが含まれていたと書かれていた。奈良国立文化財研究所の発表によると、都の跡から発掘された多数の木筒や荷札が発見されたということである。

　ホヤは奈良の大宮人も食べていたのである。

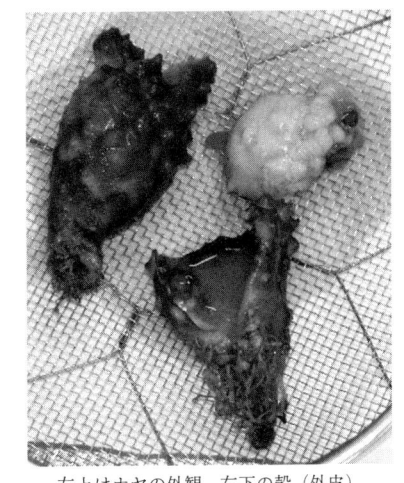

左上はホヤの外観、右下の殻（外皮）を除くと右上の内容物（食用部分）がある。

写真3-18　マボヤ

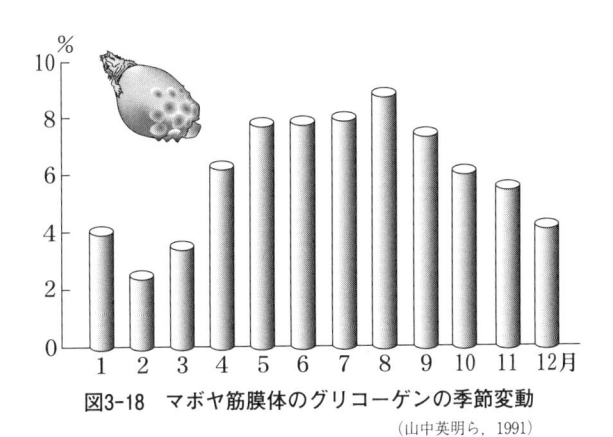

図3-18　マボヤ筋膜体のグリコーゲンの季節変動

(山中英明ら，1991)

第4章
さしみ

さしみの盛り合わせ

新鮮な海の幸に恵まれた日本では，さしみの人気は相変わらず高く，家庭でも高級料亭でも日本料理の中心になっている。おさしみはご馳走なのである。古くはなます（鱠）として食べられていたが，現在のようにさしみが普及しはじめたのは江戸時代からである。東京では大正時代までイカのさしみは気味悪がられて食べなかったという。

4-1 さしみの語源

 ところで，さしみは「刺し身」とも書くが，いったいどのような意味なのだろうか。「切り身にしてしまうと何の魚かわからないので，鰭(ひれ)を身に突き刺して料理として出したから」という説がよく知られている。しかしそうとばかりいえないという説もある。また，「さしみが文献に初めて現れるのは1399年の『鈴鹿家記』で「指身」とある。1448年の「康富記」にも「鯛指身居え」と記されている。佐藤武義，「日本語の語源」によると，1603年の日蘭辞書に「さしみ」の見出しがあり「生魚で作った料理の一種である種のソース（醤油）をつけて食べるもの」と書かれ，当時一般的であったのではないかと述べている。しかし，「一般的」というのは早いようである。指すは物差しを使って細かい仕事をすることだから，細かい仕事をして細切りの身をつくることである，あるいはなますに魚の鰭を刺した「さしみなます」から「なます」を省いた，ともいわれる。また，関西ではのちに「つくりみ」という言葉も使われるようになり，両者を区別するために，フナなどの淡水魚は刺し身，タイなどの海産魚は作り（造り）身になったという。「お作り」

という言葉は料亭や割烹，旅館でよく使われる。

4-2 さしみに切る

(1) 魚の種類と切り方

さしみの盛り付けを見ると，魚介類の種類によってその切り方は異なり，一様ではない。いくつかの例を紹介しよう（図4-1）。

① **平作り**

最も代表的な切り方で，サク取りした身に対して，包丁をやや左に傾けて引くように切り，右側に送り，並べ重ねていく。切り重ねともいう。マグロの場合は厚めに切ったり，角作りといって一口大に角が立つように切ったりする。

② **引き作り**

包丁を傾けることなく引いて，切った身を送らない。鰹のたたきも厚めの引き作りである。

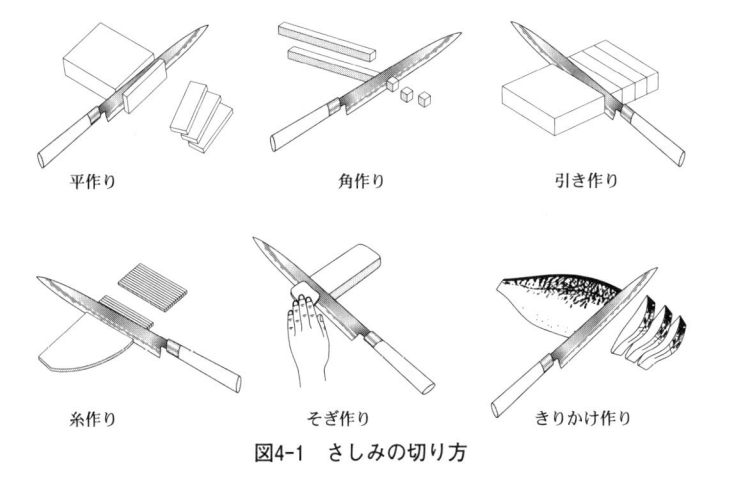

図4-1 さしみの切り方

③ **糸作り**

イカのように広く・厚く切ると簡単に噛み切ることができないようなものや，細身の魚を切るときに用いる。身を縦か斜めに細く切るので，細作りともいう。

④ **そぎ作り**

包丁を右に傾ける切り方である。ヒラメやカレイ，タイなどの白身の魚はこの方法で薄く作られることが多い。まちがってもヒラメの角切りなどはない。

⑤ **薄作り**

フグのような身の締まった魚に適した切り方で，ごく薄くそぎ切りにする。フグ作りともいう。とくにフグは「切る」といわずに「引く」といい，一度引いたものにさらに包丁を入れて極薄に開く「二枚引き」という技法もある。

⑥ **きりかけ作り**

平作りと同様に切り，一切れの間に切り目を入れる。皮つきの身に用いる。かつおの銀皮作りやしめ鯖など。

(2) コラーゲンとテクスチャー

なぜ，このように魚種によってさしみの切りかたが異なるのだろうか。

魚介類の筋肉のタンパク質に占める基質タンパク質の主要成分であるコラーゲンの割合は表3-1, 2のようにいずれも5％以下で，畜肉に比べると少ない。魚類は水の浮力で体を支えているので，陸上動物のように丈夫な皮膚や腱を必要しないため，コラーゲンは非常に少なくなっている。そのため，畜肉は加熱

してコラーゲンを融か
して軟らかくするか，
機械的に挽肉にするな
どの方法をとらないと
硬くて食べられないが，
魚介類はそのまま生で
も食べることができる
のである。

なお，魚の脂は人間
の体温や室温では液状
であるから，口に入れ
ても問題はないが，畜
肉は種類によって脂の
融点が人間の体温より
も高いため，口に入れ
ると脂肪がざらついて
おいしくないことがあ
る。

コラーゲンの割合が

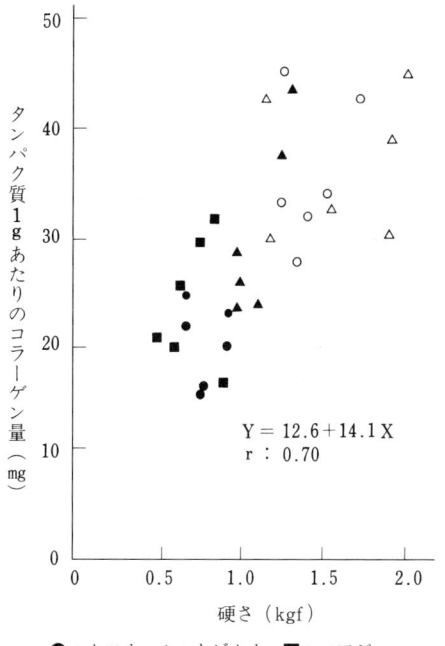

●：カツオ，▲：トビウオ，■：マアジ，
△：カレイ，○：キチジ
コラーゲンが多いほど魚肉は硬い。

図4-2　魚肉生肉のコラーゲン量と硬さとの関係(畑江敬子ほか，1986)

グラフ：縦軸 タンパク質1gあたりのコラーゲン量（mg）、横軸 硬さ（kgf）、$Y = 12.6 + 14.1 X$、$r : 0.70$

少ないとはいうものの，イワシやカツオは2％以下であるし，
マダイは3％，カレイは4％，フグは6.5％というように，魚
種によっては2倍以上も違いがある。生のさしみを口にしたと
きに，コラーゲンはすじとして感じられ，口ざわりを損ねる。

図4-2を見ると，魚肉中のコラーゲン量が多いほど硬いこと
がわかる。そこで，コラーゲンの多い魚は薄く，細く切ってコ

リコリした弾力を味わい，コラーゲンの少ないものは厚めに切って，ややねっとりした食感を味わう。なお，この図にフグは入っていないが，コラーゲンは53mg，硬さは4.9kgfでこの図の右上方にはみだした位置にくる。つまり，さしみの切りかたを変えることで，魚介類それぞれに特有のテクスチャーを楽しむことができるというわけである。

ウナギは血液や粘液に毒があるため生では食べられないが，もし無毒としてもコラーゲンが多いため，さしみではさぞかし食べにくいと思われる。また，エチゼンクラゲはタンパク質中のコラーゲンの割合こそ80〜90％と極めて高いが，全体に占める水分量が非常に多く，タンパク質の総量が少ないため，このような値になっている。

なお，エチゼンクラゲを生で食べることはない。ゴマ油，酢，醤油等で調味し，中国料理の前菜として，よく見かける。これはクラゲの傘の部分を石灰とミョウバンに漬け，圧搾して水分を出して保存食品とし，それを細切りして水戻しの後，ごく短時間加熱し調味したものである。加熱時間は調理学研究室の実験では80℃で2秒間程度が，歯切れもよく外観もよいので好まれた。

4-3　さしみ包丁

さしみ包丁には関西で使われている柳刃と関東に多いたこひきの2種類がある。また，フグには薄作りのための特別な包丁がある。

さしみは生の魚介のテクスチャーを味わうものなので，包丁

の切り口はできるだけ滑らかでなければならない。切れ味の悪い包丁では切り口の細胞がつぶれてエキスが出てしまうほか，見た目も非常に悪くなり味が落ちる。そのため，料理人は刃渡りが長くて鋭利な，さしみ専用の包丁を使う。刃渡りが長いと，さしみを切るときにノコギリのように押したり引いたり往復することなく，一気に引いて切ることができる。

包丁の刃を大きく拡大して見てみると，滑らかに見える包丁も刃先はギザギザになっていることがわかる。鋭利な刃物ほどこのギザギザは細かくなっている。包丁を引くと，この細かいギザギザが魚介の筋肉を細かく切るので，筋肉が引っ張られることなく切れ，切り口も滑らかになる（写真4-1）。

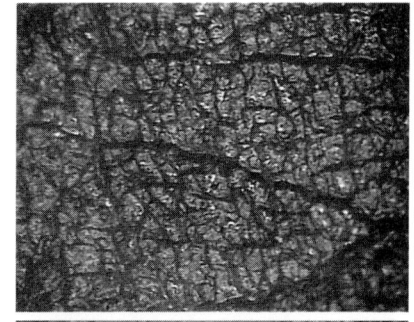

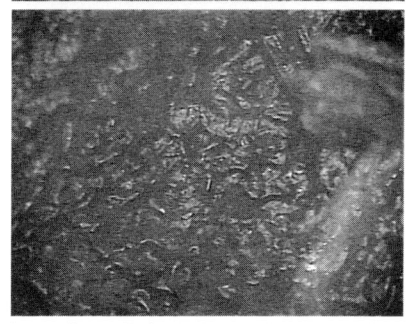

鋭利な包丁の場合は切り口が滑らかだが，鈍い包丁では筋線維がひっぱられ乱れている。

写真4-1 よくといだ切れ味のよい包丁（上）と切れ味の悪い包丁（下）でマグロを切った場合の切り口の写真（50倍）

88　第4章　さしみ

Study 9　包丁は伝説の名人の名？

　包丁は，本来は庖丁と書いていた。その語源を調べてみると，『日本山海名物図会』（1754年：宝暦4年）の116，堺庖丁の部分にその由来が記されている。

図4-3　日本山海名物図会，116，堺庖丁

　「荘子曰く庖丁能く牛を解く，庖丁はもと料理人の名なり。其人つかひたる刃物なればとてつゐに庖丁を刃物の名となせり。むかし何人かさかしくもろこしの故事をとりて名付けそめけん。今は俗に通してその名ひろまれり」

　また，ここに書かれている荘子については，「荘子・養生主」に次のような故事が書かれている。

　中国の戦国時代，魏の国に料理人（庖）の「丁」という人がいた。国王の文恵君にたのまれて牛をさばいた。彼が刀を入れると音楽のように良い音で皮と肉が離れ，動作はまるで舞のようであった。それをみた国王がほめたたえると，「丁」さんは「目で見ずに心で見るようになると自然のすじに従って大きな隙間に刀を入れ，牛の生来の肉体組織に沿って刀をすすめられるようになった。それだから硬い筋や骨に刀があたったりすることはない」と答えたという。

4-4 さしみの盛り付け―合理的かつ美しく―

　さしみを切ったら皿に盛り付ける手順となる。食べる人が楽しく味わえるために，取りやすく，食べやすく，美しく盛り付けることが基本である。プロの料理人は別として，普通は横に平たく並べる盛り方（平盛り）として，皿に盛り上げることはしない。平作りにした作り身を5節（切れ）あるいは7節を一まとめにして盛ることから節盛りともいわれる。これは一見平凡に見えるが，取りやすさという点ではたいへん合理的な盛り方である。

　また，タイを薄作りにした場合は，作り身を広げて盛り，ヒラメを細切りにしたときは杉盛りという立体的な盛り付け方にしている（写真4-4）。

　フグの盛り付けは，引いた身を皿いっぱいに広げて，菊や牡

写真4-2　マグロの盛りつけ

90　第4章　さしみ

写真4-3　タイの盛りつけ

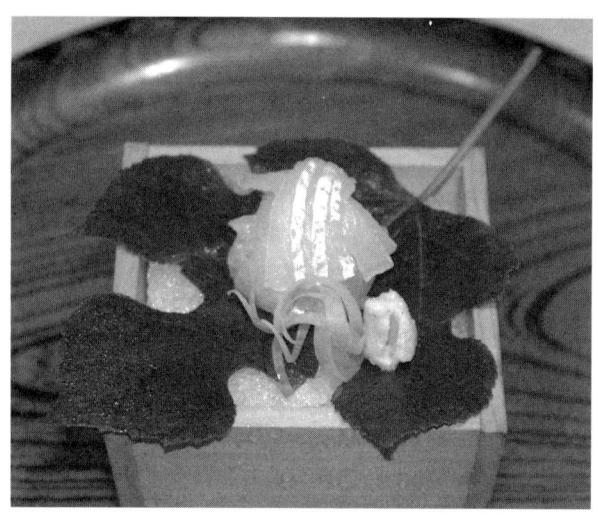

写真4-4　ヒラメの盛りつけ（杉盛り）

写真4-5 ヒラメの盛りつけ（薄作り）

丹の花びらのように美しく盛り付ける，菊盛り，牡丹盛りといった手法がある。身が極薄なので皿の模様が透けて見えるため，使う皿にも気を使わなければならない。写真4-5および口絵8はフグではないが身のかたいヒラメを薄く切って皿にならべたものである。

　サバは生き腐れといわれるほど鮮度低下が速く肉質の軟化しやすい魚種である。大分県佐賀関漁協では，このようなサバを1本釣りと活けしめすることによって肉質の軟化を抑え，さしみとして食べられるK値の低いサバを「関サバ」として流通させている。

4-5　加熱して作るさしみ—霜降り，湯振り—

　さしみといっても完全な生ではないものがある。身の軟らかいものや水っぽい，脂肪が多い，くせがあるなど，そのままで

写真4-6 タイの皮霜作り

はさしみに向かないものは，短時間加熱処理することがある。たとえばタコは生では弾力がありすぎて食べにくいので，さしみといっても茹でたものを使う。最近は「タコしゃぶ」が人気になった。

① 霜降り，湯振りは魚をサク，あるいはさしみとした後に短時間熱湯をかけて，すぐに冷水にとり，加熱し過ぎを防ぐ技法である。ハモやコチ，アユなどを霜降りにすることがある。これによって表面の汚れやぬめりを取り除くことができる。

さしみにするとき，ウロコや皮は硬いので普通は剥ぎ取っているが，タイのように皮の美しい魚にはこれらを残す調理法がある。ごく短時間表皮に熱湯をかけて直ちに冷水にとり，余熱を防ぐ。これを湯霜という。カツオの場合は表面を焼いて焼き霜にしたあと，タタキにして食べることが多い。

② 表面の濃い紫色が特徴のトリガイは，すし種やさしみで

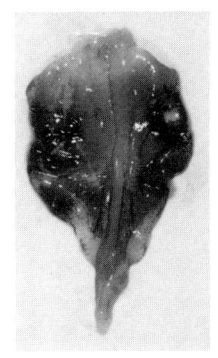

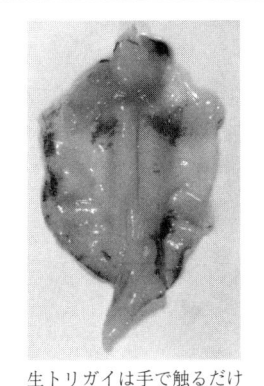

| 生トリガイ | 生トリガイは手で触るだけで簡単に色素がはがれる。 | 短時間の加熱で色素は定着している。 |

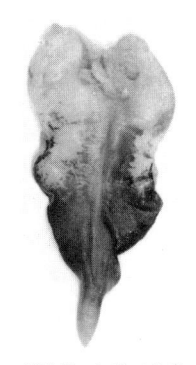

写真4-7 トリガイの黒紫色色素の変化

食べられているが, ほとんどの場合はごく短時間加熱したものを使っている。なぜなら, 生で扱うと簡単にトレードマークの色がとれてしまうからである。しかし, 15秒程度茹でておくと, 色が定着して紫色が保たれるようになる（写真4-7, 口絵10）。

　生および加熱トリガイを4℃で10日間保存すると重量はもとの約88%に減ってしまう。生トリガイの色はこの間に黒紫色が薄くなるが, 加熱トリガイは黒紫色を保っていた。ひっぱり強さや伸び率で測定したテクスチャーは保存の間ももとの丈夫さに変化はなかった。なおトリガイ鮮度指標にはK'値が適している（Study 2参照）。

　トリガイの漁獲時期（旬）は4〜8月で, それ以外の季節は冷凍したものを解凍して使う。冷凍ものも凍らせる前に短時間加熱処理をする。生のまま冷凍し, 解凍してから加熱処理すると, ドリップが多くでて重量も味も落ちてしまうからである。

4-6 さしみの「つま」と「けん」

日本には古くから「なます（膾）」という生の動物の肉や野菜を細かく刻み，調味酢や酢味噌で食べる料理がある。室町時代には魚を使った「刺身膾」と呼ばれる料理が登場したが，大根などをさしみに添えるのはこの名残りという。

さしみの添え物をよく「さしみのつま」と呼んでいるが，正確には「けん」,「つま」,「辛み」に分けられる。これらは盛り付けたさしみを美しく引き立てるだけでなく，口中を爽やかにし，口触りに変化をもたせ，リフレッシュさせて次に食べるさしみの風味を損なわないようにする役目がある。さらに，くせのあるさしみの匂いを消す効果もある。

① けん

さしみを盛り付けるときに，下に敷いたり後ろに置くものを「けん」という。ダイコンの繊切り（白髪大根），カボチャ，キュウリ，ニンジン，ミョウガ，ウド，キャベツの繊切り，シソの葉などである。繊切りしたものは水にさらしてパリっとさせてから盛る。敷きづまともいう。

② つま

盛り付けたときに上に飾るものをいう。芽ジソ，穂ジソ，タデ，菜の花，菊花，ミョウガ，ボウフウ，水前寺海苔，オゴノリなど，野菜や海藻が用いられる。

なお，江戸時代の料理書にはさしみの「つま」として，花かつを，あるいは，よりかつをが書かれており，さしみに削ったかつお節を大量にかけていた。

③ 辛み

ワサビやカラシ，ショウガ，大根おろし，ニンニクなどである。

図4-4は大根おろしの部位とおろした後の時間による辛味成分（イソチオシアナート）の変化を示したものであるが，図を見ると，辛味成分は，おろした後の時間が経過するにしたがって少なくなることがわかる。あまりに辛過ぎると思ったら，しばらくおいておくのも手かもしれない。なお，辛味成分には抗菌作用のあることがわかっている。ワサビ，カラシのアリルイソチオシアナートには黄色ブドウ球菌，サルモネラ菌，大腸菌，酵母菌，カビなどに対して，また，ショウガのジンゲロールが枯草菌に対して繁殖を抑制し，食品の日持ち向上に効果のあることが知られている。しかし，さしみにつける程度ではその効果はあまり期待しない方がよい。

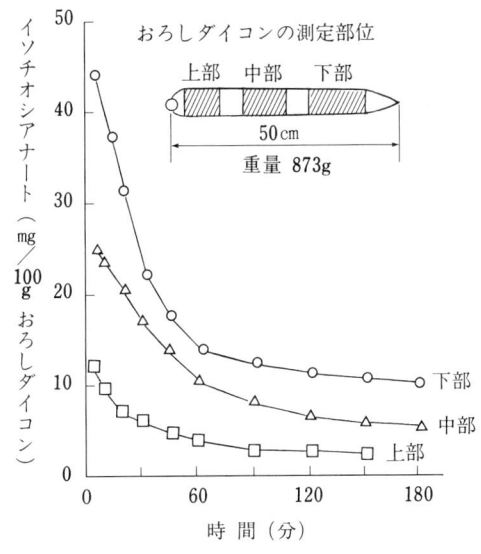

図4-4 ダイコン各部位より調整したダイコンおろし中の辛味成分量ならびに辛味成分の変化

(江崎秀男・小野崎博通，1982)

Study 10　ワサビや大根おろしを辛くする方法

　ワサビやダイコン，カラシはすりおろしたり，練ったりすることで，辛味を強く感じるようになる。ワサビやダイコンなどの辛みや香りの成分はイソチオシアナート類（アリルイソチオシアナート）という。すりおろしたり，練ったりすることで，これらの植物の細胞が壊れて，中に含まれているミロシナーゼという辛味発生酵素が遊離し，細胞中のカラシ油配糖体（シニグリン）を加水分解することで，独得のにおいと辛み成分が生成される。そこで，ワサビの場合は少しでも多くの細胞をつぶすように，目の細かいおろし金を用いて，ゆっくり「の」の字を描くようにおろせといわれるのである。そのためにサメの皮を貼り付けたおろし金がある（写真4-8）。また，空気に触れさせると風味がとぶといって，サメ皮を使わず，包丁で細かくワサビを叩く職人もいる。

　ダイコンの辛味は，メチルチオブテニルイソチオシアナートによる。ダイコンを上部・中部・下部の3つに分けて辛味成分を測定したところ，下部の先端および外側ほど，カラシ油配糖体は多く含まれていた（図4-4）。最上部に比べて最下部は実に約10倍以上も多い。したがって，辛い大根おろしが欲しいときには先端部をおろすとよい。ダイコンは生長点に近いほど酵素の活性が高く，根の先端に生長点があるから下部ほど酵素は活性化され，辛味成分も多くなるのである。

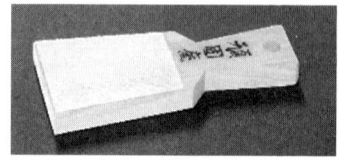

写真4-8　サメ皮のわさびおろし

4-7　さしみのパートナー「醤油」

　醤油は日本人にとって万能ソースのように和食に限らず，洋食や中華料理にも隠し味に使われることが多いが，さしみも例外ではない。誰でもさしみを食べるときには必ずといってよいほど醤油をつける。なますの頃は調味酢・酢味噌で食べていたが，室町時代の末に醤油が登場した。江戸時代になると醤油の

製造法が発達・普及したが、それとともにさしみも一般化したという。醤油につけることでさしみは風味が増して一層おいしくなるので当然といえる。さしみという呼び方もこの頃に定着したそうである。このように、さしみと醤油は切っても切れない間柄である。

1984年に刊行された本を読んでいたらその中に次のようなことが書かれていた。石毛氏によれば、ミクロネシアやポリネシアの島々では、生の魚肉をぶつ切りにして皿にのせ、ライムと醤油をかけて食べる。土地の人は「サシミは醤油がないと食えないなあ」と言うそうである。

ところで、江戸時代の料理書にはさしみに対して「煎り酒」がしばしば登場する。煎り酒というのは、「料理物語」(1643年)によると、かつお節だし1.8リットルに古酒3.6リットル、梅干し15～20個などをあわせたもので、酒とかつお節だしの割合は2：1あるいは3：1が多い。その後、醤油を加えたり、酒に削りかつお節を浸したり、みりんや塩を添加したりバラエティに富んだ作り方へと変化していった。この煎り酒をさしみや、なますにつけたり、浸したりして食べた。

蒸した大豆と炒って砕いた小麦に種麹を加え麹をつくり、食塩水を加えて醸成したものを「もろみ」という。これに圧力をかけて搾り、濾過したものが醤油である。醤油には12～16％の食塩が含まれる。醤油には地域や用途に応じて、最も一般的な濃い口醤油、主に関西で使われる薄口醤油、大豆の割合が多いたまり醤油、食塩水のかわりに醤油を使う再仕込み(甘露)醤油、大豆の分量を減らした白醤油、塩分を減らした減塩醤油な

どがある。薄口醤油の塩分は16.0%，濃い口醤油の塩分は14.2%で，薄口醤油は濃い口醤油に比べると，色とは逆に塩分は高い。

　生醤油に，梅干の果肉をすりつぶして裏ごししたものを加えた梅肉醤油，ダイダイやカボス，柚子，レモンなど柑橘類の搾り汁をまぜたポン酢醤油，醤油にみりん，酒，削り鰹節を加え煮立てて漉した土佐醤油などもある。

　これらはいずれも酸性で，魚の生臭さの原因であるアルカリ性のアミン類を消す効果がある。

4-8　さしみのおいしい食べ方

　せっかくのさしみを少しでもおいしく味わうためにいくつかの話題がある。

　さしみにつける醤油の量は好みによるが，魚によっても異なっている。味の濃いマグロは片面の1/2くらいをつけ，白身で淡白なタイなどは少しだけしかつけないのが基本であると専門の料理人はいう。あまりつけすぎると，さしみの味ではなく脇役の醤油が主役になってしまう。また，イカさしは醤油をつけて口に入れたら素早く噛まないと，醤油が身から離れて口の中からなくなってしまう。

　また，ワサビは醤油の中に入れてかき混ぜては，醤油の味が変わってしまうし，さしみを引き立てる働きが弱くなってしまう。本ワサビであればなおさらで，せっかくの香りや刺激が半減してしまう。料理人によると醤油につける前に，まずワサビをさしみに適量のせて，身を二つにたたんでから醤油を少しつ

けて食べるとよい。こうすれば，さしみの旨さは引き立ち，ワサビの芳香と爽やかさを味わうことができるということである。

　このように食べ方について指南することが古くから行われていることは，さしみがそれだけで独立している完成品の食物ではないと考えることができる。生魚と醤油・辛みを咀嚼し，唾液と混ぜなければならない。最後に食べる人の手（口？）を借りてやっと料理の味が完成するのである。この点は西洋料理と大きく異なる。フランス料理にはシェフが作ったソースがすでにかかっており，食べる人は皆同じ味を楽しむことと対照的である。

　最後に，おいしさを演出する環境のひとつ，照明について。白熱灯や暖色系の蛍光灯と寒色系の蛍光灯ではさしみの色が変わって見える。赤いマグロは暖色系の光の下で食べた方がより赤く，おいしそうに見えるが，白身の魚は寒色系がよい。食べ物によって照明を切り替えるのは，ちょっと難しいかもしれないが。

Study 11　冷凍マグロのおいしい解凍

　近頃は電子レンジに解凍メニューのボタンがついているが，なかなか均等にはならず，最悪の場合は部分的に煮えてしまうこともおきる。また，解凍はゆっくりと自然解凍するとよいという説もあるが，急いで解凍したいこともある。解凍時にはどうしてもサクからドリップが出るが，これは大事なエキス分が流出するので，なるべく少なくしなければならない。ドリップが出る理由は，身の細胞が氷の結晶で壊されてしまうからである。大きい結晶ができる温度帯は0℃〜−10℃であるから温度を下げるときは，ここをできるだけ迅速に通過させて，微小な氷結晶が多く生成するようにしなければならない。逆に解凍を

するときも急速解凍するのは急速凍結と同じ理由なのである。

　解凍方法として料理店では温塩水解凍をすることがある。この方法は短時間で解凍できるうえ，色がよいといわれている。その方法は，

① 　塩分濃度3～5％の温食塩水を用意する。水1リットルに対して食塩大さじ2杯程度。ぬるま湯の温度は熱変性を起こさない35～40℃。もし，解凍中のマグロにチヂレが起きたら，早めに取り出して③以降の作業に入る。冷蔵庫での完全解凍は目安よりも時間をかけてゆっくり解凍する。なお，チヂレは死後硬直前の非常に新鮮な状態のマグロを急速凍結し，急速解凍した場合に起きる。

② 　マグロのサクの表面についているカスを取り除き，200グラムのサクなら1～2分間，500グラムのブロックなら5分間くらい温塩水に漬ける。ただし，解かし過ぎは失敗の原因になる。

③ 　マグロの表面がやわらかくなったら取り出し，真水でさっと洗ってから，キッチンペーパーやふきんで表面の水分を拭き取る。

④ 　別のふきんやキッチンペーパーでサクを包み，ラップをして冷蔵庫に入れて完全解凍する。200グラムのサクで20分間，500グラムのブロックで60～90分が目安。

　なお，冷凍マグロ200gのサクを用い，①冷蔵庫の自然解凍と，②電子レンジのON，OFFを調整した解凍法，③温塩水解凍の3種の解凍法を比較した。その結果①はメト化によって色が悪くなるので，②と③が好まれた。②は特に新鮮で，ATPが充分残ったまま冷凍したマグロでは解凍あらいで述べたようなチヂレが起こることがあった。③は比較的どのようなマグロにも向いており，色も良かった。3種の解凍マグロの細菌数を測定したがいずれも問題はなかった（口絵11参照）。

　ときたま話題になる魚の寄生虫，アニサキスは−20℃以下に冷凍すると死滅する。その意味では冷凍することはアニサキスの被害を除く方法である。

第5章
あらい，たたき，すし

新鮮な魚介類を使ったすし

5-1 あらい

　あらいとさしみはどう違うのだろうか。あらいは活魚あるいは活魚と同じぐらい鮮度の良い魚介の身を，そぎ作りや糸作りとし，冷水あるいは温水中で振り洗いして，臭みや余分な脂肪を除くとともに，身をチリッと収縮させた料理である。その独特の歯切れのよさ，さっぱりとした口触りを味わう夏の風物である。盛り付けにはガラスのすだれを皿に敷いたり，氷の上に載せたりして，清涼感を演出することが多い。

　動物は死後，いったん硬直し，その後解硬するという経過をとる。屠畜後の硬直中の畜肉は硬くて食べられない。しかし水産物は硬直中でもおいしく食べられる。あらいは鮮度の高い死後硬直前の魚介を意図的に硬直させ，そのテクスチャーを味わう料理ということができる。

（1）あらいになる魚介

　基本的には活魚や鮮度の非常に高いものなら，あらいにすることができる。料理の本を見ると，コイ，フナ，スズキ，イシガレイ，アユ，ハモ，クルマエビ，カニ，アコウダイなどが載っている。高い鮮度が要求されるので，輸送や調理するまでに時間のかからない淡水魚や沿岸でとれる魚，活かしておくのが容易なエビ・カニがほとんどで，外洋や輸入魚の名前は見当たらない。

(2) 洗う水の温度

身を洗う水の温度については、水洗いと湯洗いがある。水洗いには0℃に近い氷水の場合と、15〜20℃付近の井戸水を使う場合がある。湯洗いは調理書によって温度は若干異なり、44〜45℃のぬるま湯に30〜40秒、47℃に15秒、60〜65℃に1分あるいは5分、さらに70〜80℃まで記載されている。四条真流という伝統的日本料理の代表ともいうべき流派では47℃とされている。東京の川魚料理専門店であらいを作るときの温度を測定させてもらったところ、49℃であった。

このように、いろいろな水温が挙げられたが、はたして水温によってあらいの状態は変わるのだろうか。水温を変えてあらいを作り、筋肉の収縮の程度は機器を使った物性測定で、食べたときの味や口触りは、パネルに食べてもらう官能評価で比較した研究がある。

① コイのあらい

まず、活きているコイを即殺して背側をそぎ作りにした。この身を使い、温度と振り洗いの時間を変えて3種のあらいを作った（写真5-1）。

1） 氷水（0℃）で5分間
2） 井戸水（18℃）で3分間
3） 温水（49℃）で20秒

官能評価ではどのあらいも、それぞれ好ましく、どれも好まれた。写真5-2は洗う前の身と3種のあらいの切り口表面を走査型電子顕微鏡で観察したものである。洗う前の身は筋線維のひとつひとつははっきりと区別できない。また、丸い

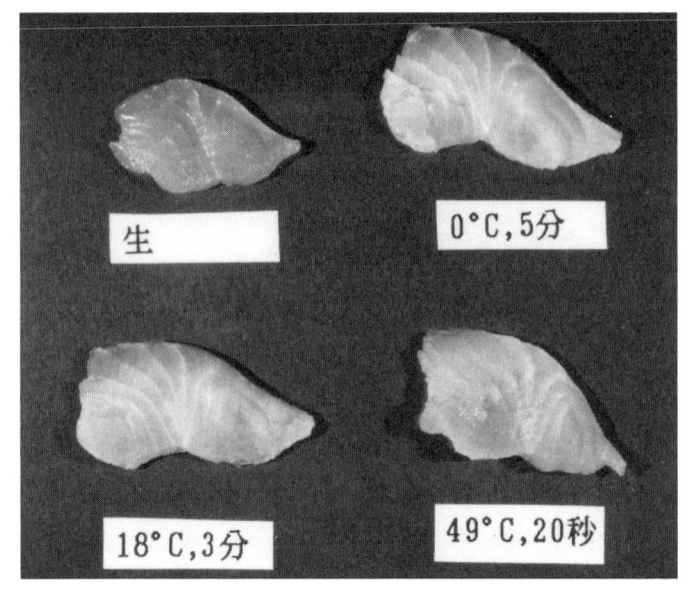

写真5-1　コイを即殺し，背肉を薄切りにして各水温のなかで洗ったもの

脂肪球が表面に見える。あらいにすると，切り口の表面は筋線維と筋線維の間に隙間が現れて，ひとつひとつがはっきり区別できる。脂肪球は流されて少なくなっている。49℃のあらいは表面が滑らかに見えるが，これは熱変性によるものである。

0℃と18℃のあらいはあまりかわらなかったが，49℃のあらいはあきらかに異なっており，このことは官能評価でも機器による物性測定でも確かめられた。

② クルマエビ，ズワイガニのあらい

エビやカニはおがくずに入れて，活きたものを輸送するこ

左上：あらいにする前の生のコイ，右上：0℃の氷水の中でコイのそぎ切りを5分間かきまぜて作ったあらい，左下：18℃の水の中で3分間かきまぜて作ったあらい，右下：49℃の温水の中で20秒間かきまぜて作ったあらい（図中の線は0.05mm）

写真5-2　コイのあらいの表面の走査型電子顕微鏡写真

(畑江敬子ほか，1990)

とができる。これらもコイ同様にあらいとなることを確かめた。写真5-3および口絵12はクルマエビで，腹開きとした身が反転して美しい。洗う水温と時間は，

1)　0℃で2分間
2)　18℃で2分間
3)　49℃で20秒

とした。コイのときには熱変性によってテクスチャーに差が見られたが，クルマエビでは味と匂いにも差があった。表5-1

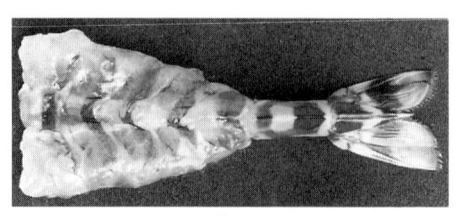

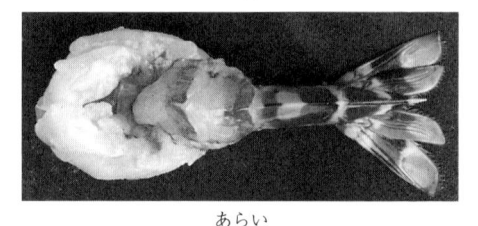

に見るように、3種のあらいを一定の力で遠心分離機にかけてエキスを取り出してみた。その量を測ると49℃が最も多かった。これは熱変性のために保水力が弱くなったためで、これなら歯で噛んだときにエキス分が口の中に出やすく、エビのうま味を舌で感じやすくなる。また、うま味成分であるイノシン酸やアデニル酸も多くなっていた。0℃と20℃のあらいは49℃に比べて透明感があり、歯ごたえが強かった。

写真5-3 クルマエビのあらい

官能評価の結果、活きクルマエビは生でも賞味されるが、0℃や20℃のあらいは、あらい独特のテクスチャーがあった。

表5-1 クルマエビあらいの保水性

洗う水温と撹拌時間	遠心分離後にエビから出てきた液量(％)
生	5.0±1.4
0℃、2分間	4.9±2.0
18℃、2分間	5.4±2.2
49℃、20秒間	10.8±1.9

(畑江敬子ほか、1991)

また,甘味やうま味は49℃のあらいが強く,生臭みも弱かった。総合的には,どのあらいが一番という結果にはならず,それぞれにおいしく,やはり好みの問題ということになった。なお,あらいにするとコイでは身の重量

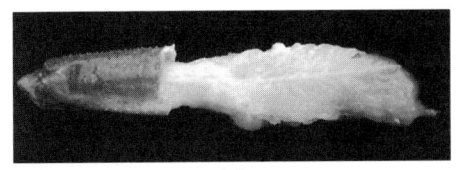

生肉

あらい

写真5-4 ズワイガニ脚肉のあらい

が減少したが,クルマエビでは逆に5〜6％も増加していた。これは収縮・硬化だけでなく水分によって膨潤も起こっていたことによる。

ズワイガニ(写真5-4,口絵13)についてもあらいを作ると,同様に身が収縮していることがわかる。

(3) 急速凍結―解凍の硬直で作るあらい―

あらいという料理は非常に高い鮮度を要するため,材料の入手もなかなか困難である。もう少し手軽にあらいを味わう方法はないものだろうか。

あらいは死後硬直を利用した料理なので,硬直に至っていない魚介を用意しなければならない。マグロのさしみを食べようと,急速凍結されたマグロのサクを買ってきて,それを電子レンジで急速解凍したところ,写真5-5に見られるように全体に

①冷凍マグロを電子レンジで急速解凍した。
四隅に電波が集中して，加熱状態になっている。

②冷凍マグロを電子レンジで急速解凍し，加熱状態になる前に解凍をやめた。
解凍硬直がおこり変形している。

写真5-5　電子レンジによるマグロの解凍硬直例

あらいのような収縮が起きてしまった。これではマグロ独特のあのややねっとりとしたテクスチャーを味わうことができない。

この現象が起きたのは，次の項で取り上げるあらいができるメカニズムと同様に，死後硬直前のATPが十分に存在する状態でマグロを凍結したために，解凍時にATPが一度に放出されて，筋肉が収縮したことによる。それならば，これを利用すればあらいを作ることができるのではないか。そこで，コイの活魚をそぎ作りとし，冷凍用の密閉袋に入れて急速冷凍し，それを急速解凍したところ，あらいを作ることができたのである。これなら，いちいちコイの活魚を入手しなくてもよいことにな

り，必要に応じて必要なだけ，あらいを作ることができる。

　魚肉のATPを測定したところ，生のコイのATP量（4.5 μmol/g）は急速冷凍した後も保たれていた。それを氷水や井戸水で洗うと，あらいの収縮が見られることを確認した。水を使うことは急速解凍なのである。しかし，冷凍された身を冷蔵庫にいれたまま，自然解凍すると，ATPは徐々に消費されてなくなってしまうので，これを洗っても収縮は起きず，あらいにはならない。

(4) なぜあらいになるのか─収縮のメカニズム─

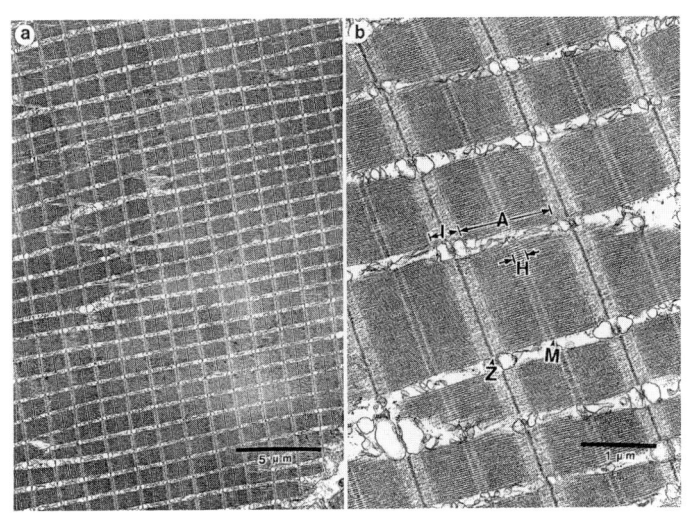

A：A帯，I：I帯，H：H帯，Z：Z線，M：M線
━━：左5μm，右1μm

写真5-6　コイの筋肉の筋原線維 (畑江敬子ほか，1991)

18℃の水中で3分間かきまぜてあらいとした。
―――：左5μm，右1μm
写真5-7　コイのあらいの透過型電子顕微鏡写真

　あらいは，ごく鮮度のよいものでないと作ることができないことから，洗ったときにおこる身の収縮の程度を測定して，それを鮮度の指標とした研究があった。あらいに見られる筋肉の収縮は，筋線維を構成する筋原線維（図2-11参照）の著しい変化によるものである。このことは透過型電子顕微鏡による観察で明らかになった（写真5-6～5-8）。

　写真5-6のように，あらいにする前の筋原線維はA帯，Ⅰ帯，Z線などが明瞭で明るい部分と暗い部分の横紋がはっきりみえる（図2-11と比較しながらみよう）。しかし，洗うことによってこのような筋原線維の構造は一部不明瞭となり，筋小胞体の

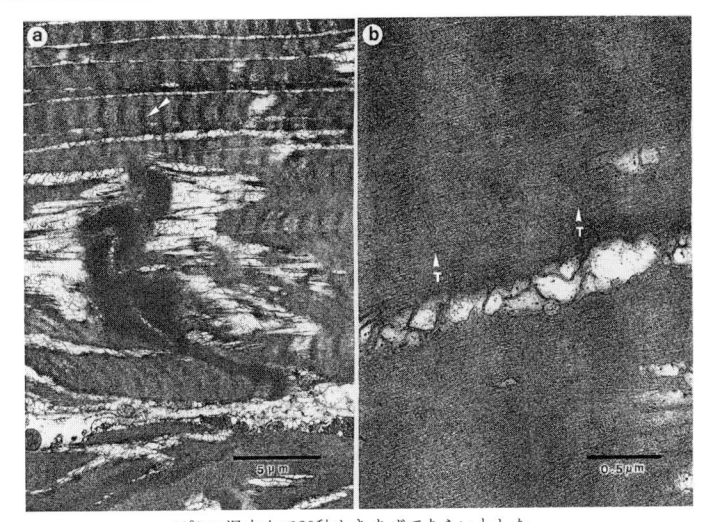

49℃の温水中で20秒かきまぜてあらいとした。
―― : 左5μm, 右0.5μm
写真5-8 コイのあらいの透過型電子顕微鏡写真

崩壊, サーコメアの短縮, また, 筋原線維の湾曲など, 微細構造の変化が認められた。具体的には, 写真5-7の18℃のあらいでは筋原線維が全体に湾曲している（左）が, それを拡大すると（右）, Z線の両側の明るい部分（I帯）が湾曲の凸の部分では引き延ばされ, 湾曲の内側（凹）の部分では収縮していることがわかる。強い力で湾曲したので, このように外側が引っ張られたのである。Z線もM線も乱れ, 筋小胞体（白い帯状の部分の中に見える）も一部崩壊しているのが観察される。

特に49℃の処理（写真5-8）では変化が著しい。全体に元の構造は不明瞭となっている。写真（左）の中で二重の矢印部分

を拡大（右）すると，Tの矢印はその下に三つ組み（T管）が見えることからZ線があった位置である。それが，強い力で収縮してZ線が互いに重なりあったため横紋はいっそう不明瞭となっている。Z線からZ線までの距離はサーコメアであるが，短くなっている。

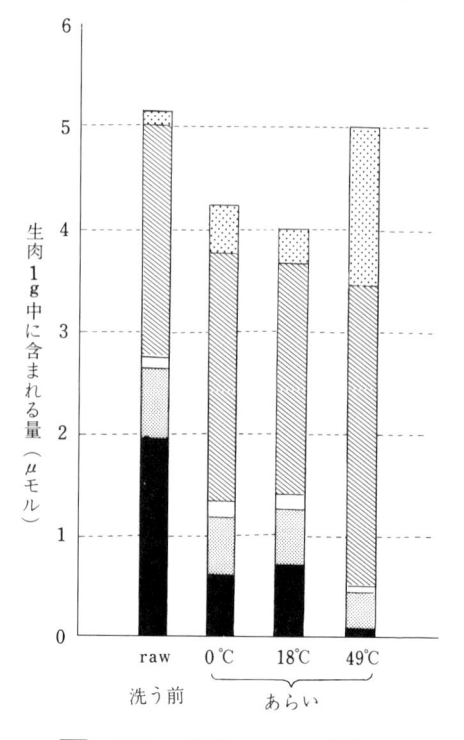

あらいの収縮は筋肉の収縮のエネルギーとなるATPが急激に流出し，筋原線維タンパク質を構成する，アクチンとミオシンが結合して，筋肉が収縮・硬化したものと考えられている。したがって，ATPが十分存在する活魚や，ごく鮮度の良い魚介でないとあらいの収縮は起こらない。このことは洗う前後のATPを定量するとよくわかる（図5-1）。

■ :ATP,　▨ :ADP,　□ :AMP,
▧ :IMP,　▩ :HxR+Hx

生ではATPが2μモル存在するがあらいではATPが消費されて著しく減少している。

図5-1　コイ筋肉中のATPおよび関連物質の量（畑江敬子ほか，1990）

さらに、0℃で洗うと、畜肉で知られている、低温短縮とおなじような機構が考えられている。通常、筋肉は筋小胞体からCa^{2+}が放出されると収縮し、Ca^{2+}が筋小胞体に再び吸収されると筋肉は収縮をやめて弛緩する。動物が運動できるのは、このような機構が働いて、筋肉が収縮したり休んだりしているからである。死後はこのようなサイクルは働かなくなる。筋小胞体から放出されたCa^{2+}は、0℃のあらいの場合のような低温では再吸収できないので、細胞内のCa^{2+}濃度は高くなり、その結果ATPを分解する酵素の活性が高くなって筋肉を収縮させた状態が続く。

49℃のあらいではこのほかにも、Ca^{2+}が存在しない場合でもATPを分解してエネルギーとする酵素活性が高まることや、熱拘縮というアクチンとミオシンが熱のショックで結合する機構も働いている。

5-2 たたき

たたきにする魚にはカツオとアジがあるが、この二つはかなり異なる料理である。辞書（広辞苑）で「たたき」を引いてみると、

① 魚または鳥獣の肉などを包丁でたたいて作った料理。「アジのたたき」。
② 節取りをしたカツオの表面を焙り、厚めに切り薬味をかけて包丁の腹でたたいて、味をしみこみやすくした料理。土佐作り。

とある。ここでは2種類のたたきの作り方を紹介する。

114　第5章　あらい，たたき，すし

(1) カツオのたたき

土佐料理の代表で，近頃はスーパーの鮮魚売り場でも売っている（写真5-10）。調理法は，

① まず，カツオを節におろし，かわを付けたまま串を打つ。
② 強いわら火にかざして表面だけを焼く（焼き霜）。
③ 直ちに冷水にとり加熱しすぎを防ぐ。
④ 1cmほどの厚みの平作りにする。
⑤ 調味料（酢，醤油，

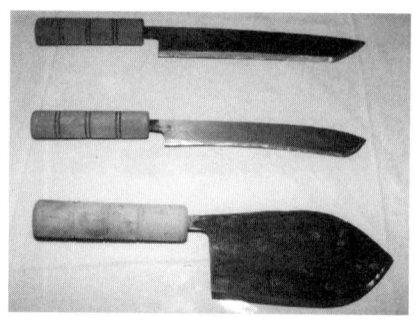

カツオは大きいので三枚におろし，さらに2つに割るために3本の包丁をつかいわける。

写真5-9　カツオの節取りのための包丁

写真5-10　カツオのたたき

塩）やネギ，アサツキ，シソ，ニンニク，大根おろし，おろしショウガなどの香味野菜の繊切りをふりかけて，手や包丁の腹でたたき，なじませる。

たたきの特徴は，表面を短時間加熱することで，軟らかいカツオの身の表面のみをやや硬くして，テクスチャーに変化をつけることと，調味料がしみ込みやすくなるという利点がある。

Study 12　江戸時代のカツオの食べ方

　女房を質にいれても初鰹を食べるという江戸っ子は，カツオをどのように食べていたのだろうか？　江戸時代のカツオの最も一般的な食べ方は生食である。料理書『合類日用料理抄』（1689年）にもさしみの作りかたとして，「鰹常のごとく湯をかけて成とも又其儘成共作り古酒に塩をいかにも少加へ作たる魚にかけ一時も置取出し盛申候……」と，生のままではなく，湯や酒をかけることが記されている。水戸家の『食菜緑』でも同様の記述があった。別の料理書『料理早指南』（1801～1822年）では，「春にはかつををを酢醤油で食べ」たり「霜降りさしみでからしみそでたべたり」また，「丼物は，とろ鰹大さいのめに切り，山のいもおろしすりて大根のしぼり汁とすせうゆ合のばす」などの記載がある。今の食べ方に通じる食べ方である。

　さらに，『料理早指南』には，「まず魚のかしらをおとし腹もを切りすてよくあらひ尾にひもをつけてしばらくつるしおき出すときにさしみにつくるべし但し是もほうてうに水つかふへからず」と脱血することをのべており，これも現在に通じることである。さらに続けて「しかれどもかつを甚つくりにくきものなり……そのときには皿に白さとうを敷てその上につくりならぶべし」と解決法まで書かれている。これは，現在のさしみのかざりつけの大根のつまの前身かもしれない。

　なお，江戸時代のかつおの「たたき」は現在のたたきとは異なり塩辛のようなものであったことが，『四季料理献立』（1750～90年）の「鰹のたたき」の作り方からわかる。

(河野一世，2005)

(2) アジのたたき

鮮度低下の速い魚なので、できるだけ新鮮な刺身用のものを用いる。カツオのように焼き霜にすることはない。

① エラと内臓を出して水洗いし、3枚におろす。
② 包丁の刃をねかせて腹骨をすき取り、身の中央に残った小骨を棘抜きをつかって抜き取る。
③ 頭側の切り口から皮をつまんで、尾の方向に一気に剥き取る。
④ 2～5ミリ幅くらいの細切りにする。大アジのときは縦半分に切っておく。細切り（5ミリ）をさらに細かくたたき切り（たたきなます）にする調理法もある。
⑤ 青ジソ、ショウガ（おろしてもよい）、ネギなどを細かく刻み、細切りにしたアジの身と混ぜ合わせたり、添えたりする。味噌を加えることもある。
⑥ ダイコンやキュウリ、青ジソをけんの上に盛り付ける。身を取った残りの頭や骨を台の上に盛る姿作りにすることもある。
⑦ ポン酢、レモン醤油やショウガ醤油で食べる。

※アジの代わりにマイワシやカマスでも同じようにして作る。

5-3 すし（鮓、鮨）

(1) すしの原点は発酵食品―なれずし、いずし―

世界に広まりつつある日本の代表的な食べ物すしは、酢を合わせた米の飯の上に生の魚介を載せたものが多く、日持ちどころかたいへん腐敗しやすい食品である。

もともと，すしは生魚を保存するために，飯や粟などのデンプン性の食品とともに漬け込み，デンプンが発酵してできる乳酸の酸味で腐敗菌の繁殖を抑えた食べ物である。食べるのは魚だけで，飯は捨ててしまう。これが「なれずし」で，現在でも滋賀県のふなずしにその姿をみることができる。

後に，飯の発酵を速くするために米麹を加えるようになった。魚に野菜をまぜ，飯も一緒に食べる「いずし」が作られるようになり，主に北陸から東北，北海道に分布している。すしの変遷を図5-2に示したのでご覧いただきたい。元来は，飯を乳酸発酵させて，その酸味をつけたものから，発酵させずに酢を加えるようになり，いろいろなバリエーションができてきたことがわかる。

(2) 酢飯を使う早ずし

① 押しずし

鯖ずしは塩と酢でしめたサバに，合わせ酢で調味した飯を重ねて重しをし，一夜置いてから食べる。サバの獲れる海辺からある程度離れた内陸部でも作っているところが多い。和歌山，奈良から大阪，兵庫，岡山の瀬戸内をとおり，佐賀でも作られている。類似のすしに大阪の小鯛雀ずし，富山の鱒のすしなどがある。飯を魚の姿にあわせたものは姿ずし，棒状にしたものは棒ずしに分類される。

大阪では鯖の押しずしをバッテラと呼ぶ。明治中期に大阪ではツナシ（コノシロの地方名）がたくさん獲れ，それを酢でしめて棒ずしにしたところ，形がバッテラ（オランダ語の

118 第5章 あらい，たたき，すし

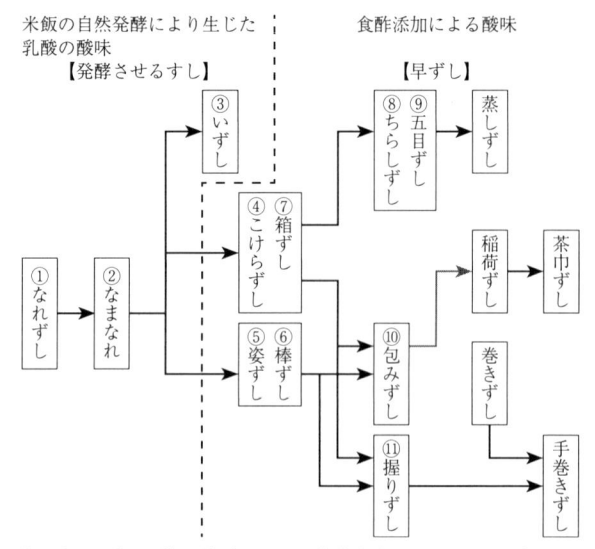

米飯の自然発酵により生じた　　　　食酢添加による酸味
乳酸の酸味
【発酵させるすし】　　　　　　　　【早ずし】

```
                    ┌─③──┐                    ┌─⑧ ⑨──┐   ┌─蒸─┐
                    │いずし│                    │ちらしずし│→│しずし│
                    └────┘                    │五目ずし │   └──┘
                                              └─────┘
                          ┌─④ ⑦──┐→→→→→→
                          │箱ずし │           ┌────┐   ┌────┐
                          │こけら│           │稲荷ずし│→│茶巾ずし│
                          │ずし  │           └────┘   └────┘
┌──┐  ┌───┐ ┌────┤       │
│①│→│② │→│      ├───── │       ├──→┌───┐   ┌────┐
│なれ│ │なま │ │      └────┘           │ ⑩ │   │巻きずし│
│ずし│ │なれ │ │      ┌────┐           │包み│→ └────┘
└──┘ └───┘ │      │⑤ ⑥ │→→→→→│ずし │
                    │      │棒ずし │           └───┘   ┌────┐
                    └────┤姿ずし │                      │手巻きずし│
                          └────┘   ┌───┐          └─────┘
                                   │ ⑪ │→→→→→→→→
                                   │握り│
                                   │ずし│
                                   └──┘
```

① なれずし（馴れずし，熟れずし）：中国の後漢時代に記録がある。古代日本に伝わり『延喜式』に記載がある。アワビ，アユ，フナ，イガイなどの魚介類からシカ，イノシシなどの獣肉でも作られていたが，次第にフナなどの淡水魚に限定されていった。発酵期間3～6か月で，魚は匂いの強いチーズ状になる。発酵に使った米飯は融けているので，食べずに捨てる。フナずし（滋賀県）
② なまなれ（生成，生熟れ，生馴れ）：発酵時間を3～5日間に短縮し，魚と米飯を一緒に食べる。アユずし（岐阜県）が有名で室町時代からと考えられる。今は一部の鮨匠の家にわずかに伝わっている。
③ いずし（飯ずし）：米飯に麹をまぜて発酵を速める。野菜を加える。ハタハタずし（秋田県），かぶらずし（金沢市），など。野菜より魚の方が主になった日本型キムチと考えられる。
④ こけらずし：酢飯を箱につめ上に魚，野菜，卵などの具を薄く平らにのせる。
⑤ 姿ずし，⑥ 棒ずし：サバ，ウナギ，エビなど1種類の具を長方形の木枠で押して作る。押しずし。アユなど1尾の姿を崩さずに使うものを姿ずしという。1～2日ぐらい漬けこむこともあるのでなまなれから早ずしに移る最初の姿か。
⑦ 箱ずし：なまなれの飯の部分を強調するようになり，おかずだったものが，軽食として独立した。タイやアナゴ，ハモのすり身を入れた厚焼き玉子を使い，白身，ケラ，焼き身など数種類のネタを組み合わせて，木枠で押して作る。酢の物，蒸し物，焼き物，煮物のすべてが一つの箱に凝縮される。
⑧ ちらしずし（バラずし），⑨ 五目ずし：前者は関西の呼び名で，押しずしよりも上等とされていた。後者は関東での呼び名で，握りずしと同等とされた。
⑩ 包みずし：酢飯に煮付けたゴボウ，ニンジン，シイタケやサケ，ジャコを混ぜ合わせて，木の葉で包み，桶や箱の中に並べて軽い重しをして作る。朴葉ずし（ほうのはずし），柿の葉ずし，印籠ずしなど。
⑪ 握りずし：本文参照。

図5-2　すしの系譜 (篠田統，1966)

ボート)に似ているというので，客がバッテラと呼ぶようになった。その後，具はツナシからサバに変わったが，名前は残ったそうである。

② 握りずし

握りずしは比較的新しく，1810年（1822年ともいう）に江戸は本所の華屋与兵衛が考案したとされている。わさびをはさみエビやコハダを主とする握りずしであった。その後江戸でマグロの大量漁獲，浅草のりの生産増加などもあり，すしは江戸の人気料理となった。江戸の前の海でとれた魚介類をネタに使ったので江戸前ずしと呼んだ。

1800年代半ばには卵，ソボロ，白魚，マグロさしみ，アナゴ甘煮など種類もふえ，のり巻きも登場した。握ってすぐに食べられることから，気の短い江戸っ子に気に入られたらしい。一説によると，関西には「鮓屋」と「鮨屋」があるが，関東には「鮓屋」はない。

③ その他のすし

すしにはこれらの他にも，各地域や各家庭に独特のものが伝わっている。季節や行事と結びついている場合も多く，仏事で作られるものには魚介を使わないことが多い。巻きずし，五目ずし，ちらしずし（バラずし），いなりずしなどは，もともとこのような精進料理の一つであった。江戸の食生活の年表を見ると1845年に神田でいなりずし流行とあった。

生魚を加える例では，岡山の祭りずし，人村ずしなどがある。写真5-12は鹿児島県の郷土料理の酒ずしで，合わせ酢の代わりに甘みのきいた地酒を用いるという特徴がある。タケ

写真5-11 握りずし

ノコ，ニンジン，ゴボウ，フキ，干しシイタケ，切干大根，薩摩揚げを混ぜ込んだ五目の上に，エビ，イカ，錦糸卵に，酢でしめたタイかキビナゴを飾るという，豪華なすしである。かつてはこのすしも何日か重しをしてねかしたそうである。

写真5-12　鹿児島の酒ずし (外西寿鶴子氏調理)

5-4　酢でしめる魚介類

(1)　なぜ酢でしめるのか

　酢でしめるという調理は単なる酢漬けではなく，生の魚に塩を加えてしばらく時間をおく―塩じめをする処理がある。その後に酢に漬けるという手順を踏む。用いられる魚は，サバ，アジ，コハダ（コノシロ），キビナゴ，イワシなど，いろいろあるが，俗に青魚とか光り物と呼ばれるものが多い。では，なぜわざわざ酢でしめるのだろうか。それは次の理由による。

① **生臭さを消す**

　　上記の魚は鮮度低下の速いものが多いことに気づかれたと思う。魚は時間が経つと徐々に生臭くなってくるが，これはトリメチルアミンやジメチルアミンなどのアミン類が関わっている。これら臭い成分はアルカリ性であるから，酸性の酢やレモン汁，醤油，ワインなどによって中和され，臭いを抑

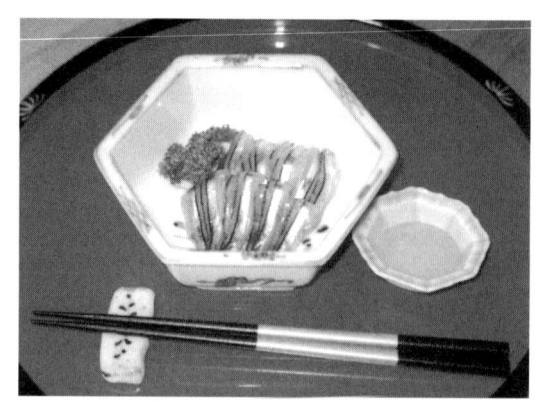

写真5-13 酢でしめたキビナゴ

えることができる。洋の東西を問わず，魚料理に酢や酒が使われるのにはこのような理由がある。

② **歯切れを良くする**

しめさばやすし屋のコハダには，生のさしみにはない歯切れのよさがある。酢に漬けることで魚肉のタンパク質を変性させて，表面を歯切れのよい，脆い状態とし，テクスチャーを変化させているのである。

もし，最初に塩をせずに酢に浸すと魚肉はしまるどころか，逆に膨潤してふやけてしまう。写真5-14および口絵14は酢だけの処理（上）と，塩と酢で処理（下）したアジの写真であるが，後者は色も変化し，身も硬く脆くなり，歯切れがよくなっている。

サバを使った実験では，切り身を水に漬けておくと1時間で元の1.01倍の重量になるのに対し，酢に浸した場合は1.10

倍になり，1割も膨潤してしまう。しかし，あらかじめ塩でしめておくことで膨潤を防ぐことができる。サバに食塩をふって6時間置くと，重量は元の0.82倍になり，これを酢に浸しても膨潤することはなく，元の0.81倍であって，増えることはなかった。

酢のみでしめたアジ：アジの身は吸水膨潤している。

③ 魚肉タンパクと塩と酢の関係

塩で処理すると膨潤を防げる理由は，魚肉のタンパク質，ミオシン（図2-11，Study 4 参照）の性質による。新鮮な魚肉は中性（pH7）からやや酸性であるが，酢を少し

塩と酢でしめたアジ：身は白く凝固し，硬く，もろく歯切れがよくなる。

写真5-14　アジの酢じめに及ぼす塩じめの影響

ずつ加えていくとpH4くらいまではミオシンは凝固する。ところが，さらにpHを下げて酸性度を強くすると逆にミオシンは融けるようになる。

もし，そこに食塩があると，pHが下がってもミオシンは融けることはなく，凝固したままである。酢のpHは3.5〜4.5

なので，食塩で処理した魚は酢に浸しても軟らかくならずに，歯切れのよいテクスチャーとなるのである。

　魚肉には酸性プロテアーゼ（タンパク質分解酵素），とくにpH4付近で活性化するカテプシンDがあり，酢に漬けるとタンパク質をいくらか分解すると考えられる。しかし，カテプシンDは食塩濃度がある程度高いと活性化しないため，酢に浸す前に塩でしめておくことで，テクスチャーを保つことができるのである。

(2) しめさば
① **しめさばの誕生**

　しめさばは各地に，それも海から遠い地域にもある食べ物だが，特に京都の名物として有名である。現在のような冷蔵技術も輸送手段もない昔に，サバのような身の軟化の速い魚を使う食品が，海から遠い京の都の名物となったのにはそれなりの理由がある。

　京都のしめさばは，日本海に面した福井県の若狭湾でとれたサバを使っていた。夕方に水揚げされたサバに保存のための塩を振り，それを人の力で夜を徹して運び，明け方に京の都に着いたという。その間にサバに塩がほどよくしみ込んだのである。「京は遠

写真5-15　さば街道の起点

ても十八里（72km）」，ルートによっては「九里半街道」「京は遠ても十三里」といい，福井県から京都に至る「さば街道」という名の付いた道が，今でもいくつか残されている（写真5-15，16，図5-3）。

こうして京についた塩サバを酢に漬けると，しめさばがで

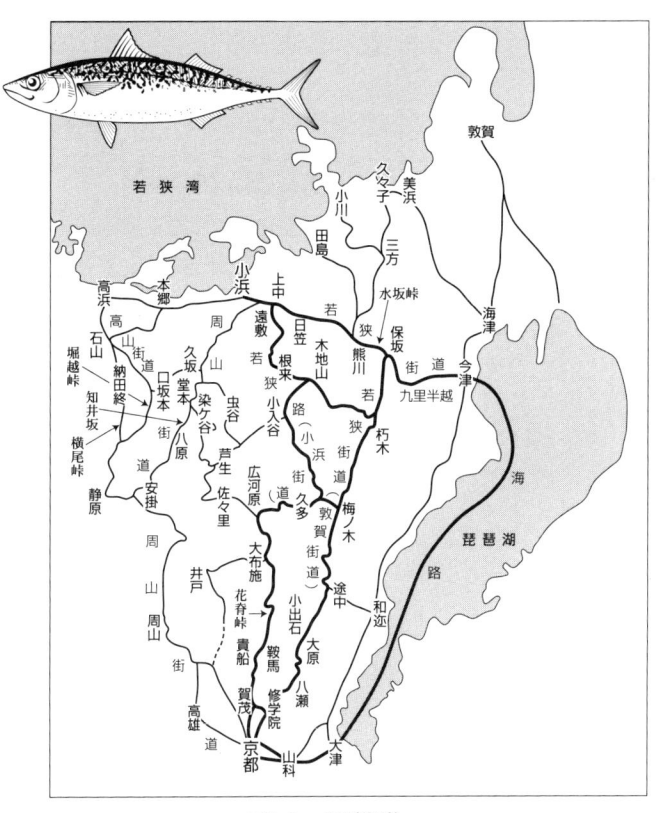

図5-3　さば街道

写真5-16　さば街道のうち，現在の熊川街道

きあがる。科学的に分析すると，まことに理に適っているしめさばは，このような偶然にも助けられて生まれた食品であった。このしめさばに，合わせ酢で調味した飯をのせ，昆布でまいて一夜重しをしたものが京の鯖ずしである。

② しめさばの塩加減

　酢に漬ける前に処理する塩の適正な量を調べた研究がある。まず，サバを三枚におろし，塩でしめる時間（2，4，6，12，20時間）と，食塩濃度（サバ重量に対して3，5，10，15％）を変え，最後に酢に1時間浸して，いろいろなしめさばを作る。これを官能評価したところ，食塩濃度が15％のときは2時間，10％のときは6時間，5％のときは12〜20時間しめるというのが好ましい組み合わせであった。

　このように，サバに振る食塩の量が多いと塩じめは短時間でよく，塩が少ないときは長時間塩じめする必要があること

がわかった。秋になり旬を迎えたサバを，昔は若狭湾から京都までの72kmのさば街道を一夜で運んだという。マラソンで1位になった人は8時間3分で京まで着いたということであるが，昔の人が大急ぎで10時間ほどかかったとすると，当時の塩分量は5〜10％の間だったかもしれない。

(3) ひず（氷頭）なます

これは生の魚肉を使った料理ではないが，さしみのように薄切りにして食べるものなので，紹介する（写真5-17）。

① 魚の軟骨の酢漬け料理

魚の骨は捨てられることが多く，食べられることはほとんどない。しかし，骨には日本人の摂取している栄養素の中で不足しがちなカルシウムが多く含まれているので，これをなんとか利用したいものである。

魚の骨を食べるための調理方法としては，機械的に砕く，高温で加熱する，酒かすや酢に漬けるなどがある。

写真5-17　氷頭なます

日本各地の郷土料理のなかにも,広島の「アナゴの骨せんべい」や佐賀の「ヒゲクジラの軟骨の酒かす漬け(松前漬け,玄海漬け)」,岡山の「ままかりの酢漬け」などがある。北海道,東北の郷土料理には「氷頭なます」という,サケの鼻軟骨や頭部を食酢に数時間から数日漬け,薄切りにしてダイコンやニンジンなどの繊切りと合わせた酢の物がある。サケの軟骨や頭部は酢に漬けている間に脆くなって,食べやすい独特のテクスチャーとなる。

② 酢漬け処理と氷頭の変化

酢に漬けることで,サケの軟骨は化学的にどのような変化をするか調べた。まず,漁船上で凍結したアラスカ産のシロザケ頭部を解凍し,鼻の軟骨を2mmの厚さの薄切りにして,食酢に浸した。12時間後には生臭いにおいが弱くなり,弾力は小さくなった。食べるのに好ましいテクスチャーとなったのは24時間後であった(写真5-18)。

食酢の代わりに食酢と同じ濃度の酢酸溶液に漬けると,

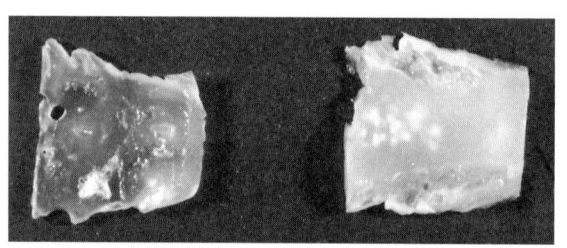

左:未処理軟骨(透明),右:酢酸処理軟骨(12時間酢酸につけると不透明になった)

写真5-18 酢酸につけたサケ鼻軟骨の外観

pH7.6でほぼ中性であるサケ鼻軟骨が12時間までは急速に，その後は徐々に酢酸溶液のpH3.0に近づいた。

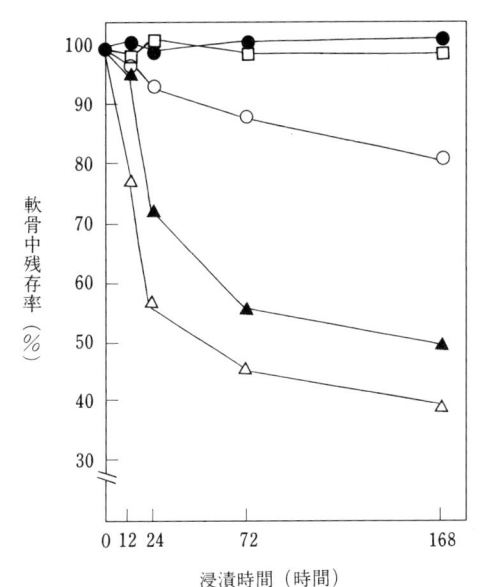

また，軟骨を酢酸溶液に漬けている間に，その成分がどのように変化するか調べた結果が図5-4である。このグラフに見られるように，鼻軟骨中の水分や粗タンパク質量は変わらなかったが，糖質と灰分は著しく減少し，7日（168時間）後にはそれぞれ元の50％と38％になった。

―□―：水分，―●―：粗タンパク質，―○―：脂質，
―▲―：糖質，―△―：灰分
未処理試料組成（％），水分：88.7，粗タンパク質：4.6，
脂質：3.6，糖質：2.5，灰分：0.6

図5-4 サケ鼻軟骨を酢酸溶液に浸けている間に起きる一般成分量の変化(畑江敬子ほか, 1990)

糖質は軟骨の主成分のムコ多糖類，灰分はカルシウムの減少によるものであることがわかった（図5-5）。コラーゲンの量に変化はなかった。

光学顕微鏡で鼻軟骨の構造の変化を観察してみるとムコ多

糖はピンク色であるが、時間が経つとピンク色が薄くなり、ムコ多糖類が時間の経過とともに減少していくことがわかる（写真5-19，口絵15）。走査型電子顕微鏡写真では、初めはのっぺりした断面から徐々に成分が溶け出して、隙間が大きくなっていることが観察される（写真5-20）。つまり、鼻軟骨の構造がだんだん粗くなり、歯で噛むことができるまで脆くなっていくのである。氷頭なますのテクスチャーはこうして作られる。

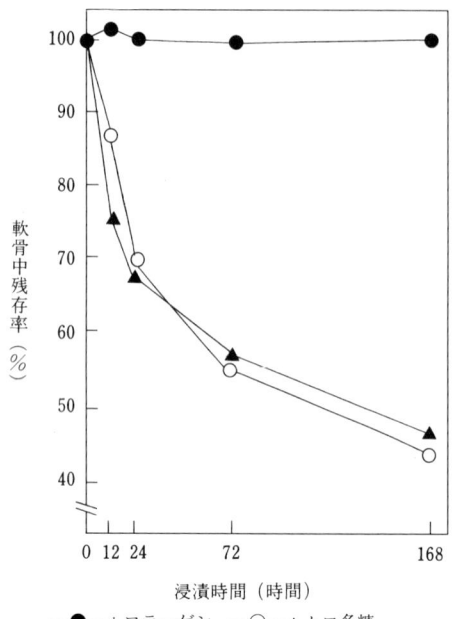

―●―：コラーゲン，―○―：ムコ多糖，
―▲―：カルシウム
未処理試料組成（mg/g），コラーゲン：22.1，
ムコ多糖：23.2，カルシウム：2.72

図5-5 酢酸溶液に浸けている間のサケ鼻軟骨成分の溶出量（畑江敬子ほか，1990）

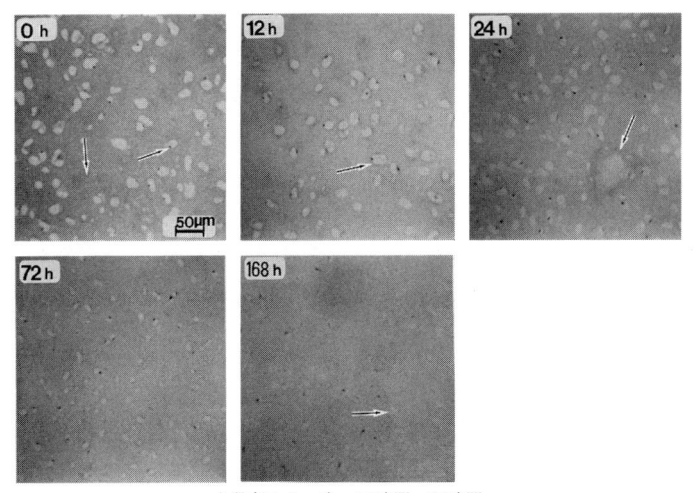

上段左から，生，12時間，24時間
下段左から，72時間，168時間

写真5-19　酢酸浸漬中のサケ鼻軟骨の変化（光学顕微鏡写真）

Study 13　サケ軟骨の組成の変化

　軟骨は一般にコラーゲンの枠組みと，ヒアルロン酸（ムコ多糖）に非共有的に結合したプロテオグリカンからなっている。プロテオグリカンにはコンドロイチン硫酸（ムコ多糖）鎖が多数結合しており，鎖の間はカルシウムで橋かけがされている。軟骨の中では，これらコラーゲン，ヒアルロン酸，プロテオグリカンなどが一体となって保水性の高いマトリクスを形成している。

　酢酸溶液に漬けるとマトリクス内の水分のpHは短時間に低下し，$-OSO_3^-$，$-COO^-$の間を橋かけしていたCa^{++}イオンが，H^+イオンによって脱離されて構造にゆるみが生じる。さらにH^+イオンは非共有部分を攻撃してプロテオグリカンを脱離させ，軟骨はいっそう粗構造化すると考えられる。

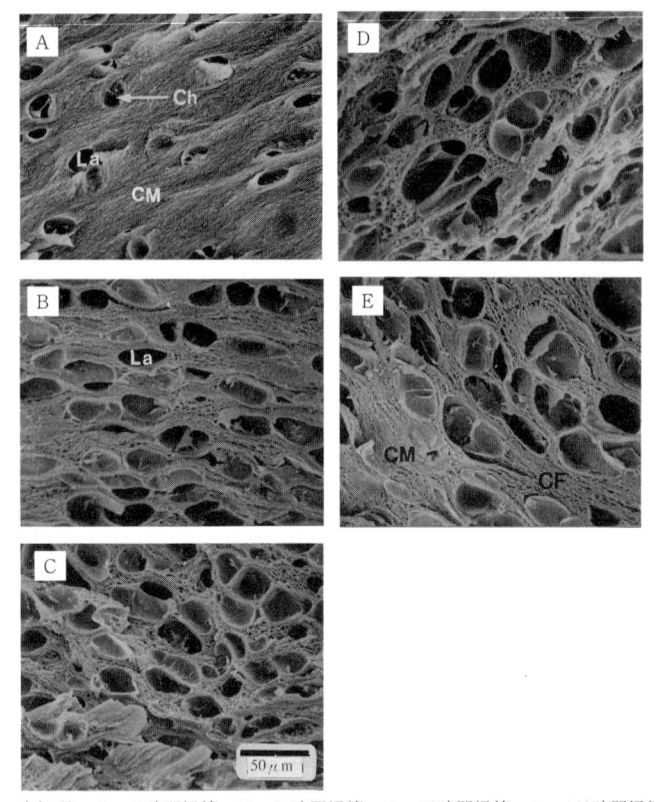

A：未処理, B：12時間浸漬, C：24時間浸漬, D：72時間浸漬, E：168時間浸漬, CM：軟骨マトリクス, Ch：軟骨細胞, La：軟骨小腔, CF：コラーゲン繊維

写真5-20 酢酸溶液に浸漬したサケ鼻軟骨の変化（走査型電子顕微鏡）

第6章
魚介類の高付加価値化とトレーサビリティ

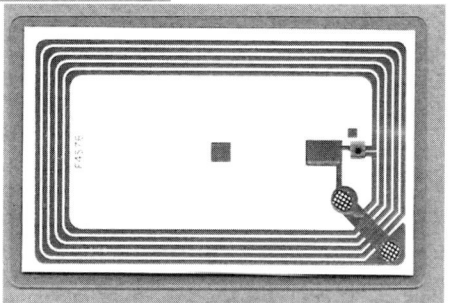

トレーサビリティシステム実証実験用タグ

6-1　魚介類の高付加価値化とブランド魚

○○のまぐろ，○○の寒鰤，関さば，五島のあじ，など，以前から地名のついたおいしい魚介が知られている。養殖魚介類についても近年品質が向上し，最近では各地のおいしい魚介の高品質を前面にだした販売促進が盛んになってきた。その具体的な例をいくつかあげる。

北海道の厚岸では，厚岸湾と厚岸湖の水温の差を利用して夏の産卵期を調整し，出荷できない時期をできるだけ短期間にして，Rのつかない月でもカキが食べられるようにしている（図6-1）。また，従来とは異なる種苗生産，栽培方法を行って「かきえもん」として特産物にする試みがなされている。鹿児島県枕崎漁協では一本釣りカツオを身おろしし，さくにして急速凍結したものを「ぶえんがつお」と命名し，さしみ用にして売り

低水温の厚岸湾と初夏から温度が上昇する厚岸湖奥との温度差を利用し，カキを移動させて産卵時期を調節し周年出荷を可能としている。
カキの生殖細胞の発達には10℃以上の水温が必要。
5月〜：厚岸湾→5℃，厚岸湖→15℃となる。一定量ずつ厚岸湾から厚岸湖の奥に移し，成熟度を高め産卵させる。
産卵後：厚岸湾に戻し，約一ヶ月で身を回復させ，出荷する。
この方法でカキの周年出荷が可能である。

図6-1　北海道厚岸における夏のカキの出荷

出した。"ぶえん"というのは枕崎の方言で，"さしみ"とのことである。ちなみに価格は1kgあたり3,400円であるが，骨もなく，すべてが可食部である。

　関さばについては，佐賀関漁協が，豊後水道で一本釣りしたサバを短期間網生け簀で畜養し必要に応じて活けしめ（写真6-1）して出荷する（近くに出荷する場合は活魚水槽で輸送）。佐賀関町漁協では佐賀関町漁協のマークを登録商標とし漁協が取り扱った関さば・関あじの品質に責任を持っている。サバの生き腐れといわれるほど鮮度低下の速いサバをさしみとして食べることができるのである（写真6-2）。

　魚介類の高付加価値化を進め，「ブランド魚」として品質を保証しようというプロジェクトが進められている。

　宮崎県では活けしめ脱血したカンパチをブランド魚とする事業がスタートした。脱血することはATPの減少を抑え死後硬

写真6-1　関さばの活けしめ

写真6-2　大分県佐賀関町で供される関さばのさしみ

直を遅らせることができる。また，赤身の色の変化を抑え，鮮赤色を保持できる等の利点がある。宮崎県水産試験場では活けしめ脱血装置を開発した。しめ方の違いによる破断強度の死後変化も調べられており，この装置によるカンパチの身の硬さが，他の方法に比べて保持されていることが確かめられた。

　このようないくつかの試みが日本の水産業の活性化につながり，おいしい魚介類が食べられることはうれしいことである。

Study 14　ブランド魚の定義

山中英明氏による，ブランド魚の定義は次のようなものである。
(1) 高付加価値化した魚介類
(2) 品質＞鮮度（品質のウエイトが大）
(3) 活けしめ脱血していること。神経抜きは魚種による（マダイは行うこと。

カツオ,カンパチ,ハマチは行わないこと)
(4) 氷結晶を生成していないこと(生であること),凍結魚や解凍魚はブランド魚として不適格
(5) "生き"の状態(死後硬直前)または活魚であることが望ましい
(6) 天然魚の方が養殖魚よりブランド魚としてより優れている
(7) 鮮度:K値<20%(生食・さしみ,すし),できればK値<10%が望ましい

同じくブランド魚として考えられる活けしめ脱血魚の候補を表6-1に示した。また,その他に,ブランド魚として考えられる活魚介類(近海物,沿岸養殖物)には,活イカ類,活ヒラメ,活マダイ,活マガキ,活ウニ類などが挙げられている。

表6-1 ブランド魚として考えられる活けしめ脱血魚(生,沿岸漁業,近海物)

サバ(関さば,ときさば,など)
アジ(関あじ,ごんあじ,など)
クロマグロ(生)(大間産など近海物,ニューヨーク沖産などのジャンボマグロなど天然物>養殖物:近畿大学,メジマグロの養殖)
カツオ(生)(宮崎,鹿児島,高知,静岡,千葉,宮城県など)
ヒラメ(天然物>養殖物)*
マダイ(天然物>養殖物)
カンパチ(天然物>養殖物)
ハマチ,ブリ(天然物>養殖物)
サケマス類(生,天然物>養殖物,北海道,東北,ノルウェーなど)
ホタテガイ(生,貝柱=閉殻筋)
イワシ,サンマなど

*天然物>養殖物:天然物のほうが養殖物よりも有利であることを示す。

(山中英明,2006)

6-2 トレーサビリティとICタグ

一般消費者向けに販売される全ての飲食料品にはJAS法に

基づく品質表示が義務づけられている。水産物に関しては名称（内容を表す一般的な名称）と原産地である。原産地について，国産品にあっては生産した水域の名称又は地域名（主たる養殖場が属する都道府県名），ただし，水域名の記載が困難な場合にあっては水揚げした港名または水揚げした港が属する都道府県名をもって水域名の記載に代えることができる。輸入品にあっては原産国名を記載する。

また，冷凍された水産物を解凍，または養殖された水産物を販売する場合にはその旨の表示が必要である。具体的には「ぶり　養殖　産地鹿児島」のように表示することになっている。

なお，水産物の品質表示基準について，㈶食品流通機構改善促進機構によれば，以下のような事例がある。

(1) 輸入後，出荷調整や砂抜きなどのため国内で畜養した貝類の原産地はその輸出国となること。

(2) 海草や貝類で給餌を行っていなければ，養殖には該当しないこと。

(3) 水産物の品質表示基準では，養殖とは「幼魚等を重量の増加または品質の向上を図ることを目的として，出荷するまでの間，給餌することにより育成すること」をいい，この定義に該当するものについて，養殖の表示が義務付けられること，この養殖の定義に該当しないものについて天然と表示できるということではないが，事実として天然であれば，天然の表示は可能であること。

(4) 水揚げした港または水揚げした港が属する都道府県名をもって水域内の記載に代えることができる場合は，水域を

またがって漁をする場合等水域名の記載が困難な場合であり，したがって，北太平洋で漁獲されたことが確認されていれば「北太平洋」と表示することになる。水域名の記載は魚種により広範囲に回遊するもの，沿岸にいるもの等があって一律に規定できないことから，魚種ごとにこのような特性をふまえて一般消費者の選択に資する水域名を記載すべきものである。

さらに，食の安全・安心に対する消費者の意識の高まりとともに，生産情報や鮮度などに関心が寄せられるようになった。このような情報を知ることは消費者はもとより，流通・小売り業者にとっても非常に重要である。

農水産物や加工食品などの商品の原材料や生産から流通に至るルートを追跡（トレース）確認することをトレーサビリティという。BSEの発生や食品の不正表示事件を背景に，食品の生産情報を消費者に伝える生産情報公表JASが導入された。まず，牛肉について「牛の個体識別のための情報の管理および伝達に関する特別措置法（牛肉トレーサビリティ法）」が平成15年に公布・施行された。生産情報公表JASは輸入牛肉も含めたもので，牛肉トレーサビリティ法に加え，給餌情報，動物用医薬品の投与情報も，牛の個体識別番号ごとに記録・保管・必要に応じて公表するというもので，同年12月1日より施行されている。消費者は個体識別番号または荷口番号から店頭の表示，インターネット，FAX等を通して生産情報を知ることが出来るというシステムである。問題発生時の原因究明や生産者と消費者の信頼関係を築くことに役立つ。

140　魚介類の高付加価値化とトレーサビリティ

朝日新聞（夕刊）　2004年

「安心」アピール　魚にICタグ

履歴管理の実験開始

とれたての魚が入った箱にIC「集積回路」チップ入りのタグを付け、流通経路などの情報を書き込み、消費者に届けようという「お魚版トレーサビリティー（履歴管理）」の試みが始まっている。特産の魚に「安心」と「価値」を付けて売るねらいだ。水産庁の補助事業として今年度から各地で試験し、05年度の実用化をめざす。

昨年11月、宮崎県の串間漁港で行われた1回目の試験。重さ約3キロのカンパチが船上でしめられ、1匹ずつ「宮崎カンパチ」と書かれた箱に入れられた箱に付いたICタグはクレジットカード大。0.5ミリのICチップと読み取り用のアンテナが組み込まれ、専用の書き込み機を使い、あらかじめ識別番号が入力された時間などがわかるようにする。魚の書き込んだ箱に、さらに流通の過程で、市場や販売

消費者は、売り場に置かれた読み取り機を使ってこれらの情報を見ることができる。切り身の場合も、ケースに張られたICタグにホームページのアドレスを映し出す。パソコンでアクセスし、識別番号を入力すると、発電システムなどの明電舎が取り組み、ICカード技術を持つ凸版印刷と東京海洋大の山中英明教授が協力している。この市場から運ばれたかなどがわかるようにする。

ICタグを使ったトレーサビリティーは、野菜などが水産庁の補助を受けて公募したアイデアのうち、課題はコスト。発信システムなどICタグ1個50円かかる。山中教授は「コストや品質管理が難しい。実用化して消費者に「安心な魚」をアピールできる」と話している。

水産業を活性化させようICタグを使ったトレ

箱に付いたICタグに入力された情報を専用読み取り機で読み取る＝明電舎提供

図6-2　IC タグの導入について（2004.2.28　朝日新聞）

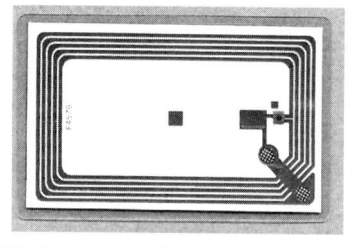

左が表，右の裏面には，右側に IC チップがみえる。

写真6-3　トレーサビリティシステム実証実験用タグ（平成16年度適用）

続いて，任意ではあるが，同様の JAS が豚肉では平成16年6月25日に制定・公示，同年7月25日に施行され，さらに農産

物でも平成17年6月30日に制定・公示，同年7月30日に規格が制定された。

　ブランド魚については，トレーサビリティにICチップを組み込んだICタグを利用する試みがなされている（図6-2）。写真6-3はブランド魚に使用されているICタグで，産地でブランド魚を入れた箱に，個体識別番号の付されたクレジットカード大のICタグをとりつけ，産地から市場に，さらに小売り店までこのタグをつけたまま輸送し，トレーサビリティを可能にするものである。温度センサーをとりつけることにより，輸送の過程における温度履歴まで管理できる。このICタグはブランド魚の品質を保証する役割を担っている。将来ICタグがさらに安価になれば，利用は一層ひろがると考えられている。

おわりに

　英語で料理は"cook"であるが，この言葉を日本語に訳す時は"加熱"である。"料理"＝"加熱"である。しかし，日本の料理では，加熱せずに食べるものが重要な位置を占めているので，cookではおさまらない。

　多種多様な魚介類はテクスチャーも味もそれぞれに異なっている。日本人はそれらの鮮度のよいものを，加熱することなく食卓にのせ，変化に富んだ味わいを賞味してきた。魚介類は水揚げ後肉質が急速に変化する。生で食べる場合は，特に，鮮度低下に伴う微妙なテクスチャーや味の違いに鋭敏にならざるを得ない。このことが，日本人の繊細な食感覚を育てることに役立ったのではないだろうか。

　魚介類を生で食べる，と聞くと，芸のない粗野な振る舞いのように思うかもしれないが，我が国の生魚介類の食べ方は，それらの取り扱い方，料理に仕上げる過程，盛りつけなど，いずれも非常に注意深く神経が行き届いている。知れば知るほど日本料理の神髄ではないかと思う。

　この本は教科書ではないので，お茶の水女子大学調理学研究室で行われた，卒業論文，修士論文，博士論文の中で，生の魚介類に関係のある研究成果を中心に，興味の赴くままに書かせていただいた。水産物に関する卒論，修論，博論の研究では多くの方に指導して頂き，お世話になった。また，そのほかにも本書の出版に当たり，多くの方に貴重な資料や写真をお貸しいただいた。誠に有り難く，ここにお礼を申し上げたい。

本書では化学的物理的研究成果のほかに，食文化に少々首をつっこんだりして，あまり一貫性がない。一番面白がっているのは，書いた本人である。

最後に本書の出版に際し，お世話になったベルソーブックスの編集委員の皆様，㈱成山堂書店の小川實社長をはじめ関係者の皆様に謝意を表したい。

平成17年9月

著　者

参 考 書

(1) 水産利用原料,野中順三九編,恒星社厚生閣,1992.
(2) 魚の科学,鴻巣章二監修,阿部宏喜,福家眞也編,朝倉書店,1994.
(3) イカの春秋,奥谷喬司編著,成山堂書店,1995.
(4) 世界の食事文化,石毛直道編,ドメス出版,1973.
(5) 世界の料理 全13巻,タイムライフ社,1973.
(6) 食品組織学,市川収,光生館,1966.
(7) 魚類の死後硬直,山中英明編,恒星社厚生閣,1991.
(8) 魚介類の鮮度判定と品質保持,渡邊悦生編,恒星社厚生閣,1995.
(9) 水産動物の筋肉脂質,鹿山光編,恒星社厚生閣,1985.
(10) 水産食品学,須山三千三・鴻巣章二共編,恒星社厚生閣,1987.
(11) 水産化学,土屋靖彦,恒星社厚生閣,1955.
(12) 盛付秘伝,辻嘉一,柴田書店,1982.
(13) 食品学各論,金田尚志・五十嵐修共編,光生館,1997.
(14) 食味,辻嘉一,PHP研究所,1977.
(15) すしの本,篠田統,柴田書店,1966.
(16) 鯖街道,上方史蹟散策の会編,向陽書房,1998.
(17) 海洋エンジニアリング,山中英明,2004年4月.
(18) お茶の水女子大学博士論文,香川実恵子,2002.
(19) お茶の水女子大学博士論文,三橋富子,2003.
(20) お茶の水女子大学博士論文,笠松千夏,2004.
(21) お茶の水女子大学博士論文,河野一世,2005.

索　引

【あ行】

IC タグ …………………………………*140*
アクチン …………*28, 30, 31, 72, 112*
アデノシン三リン酸（ATP）…*17, 21, 22,*
　　　　　39, 100, 108, 109, 112, 135
アデノシン二リン酸（ADP）…………*22*
アニサキス ………………………………*100*
あらい……………………………*102, 110*
アリルイソチオシアナート ……………*95*
α-アクチニン ……………………………*32*
活き ………………………………………*14*
活けしめ……*14, 15, 16, 20, 24, 135*
イコサペンタエン酸（EPA）………*7, 8*
イソチオシアナート …………………*95, 96*
イノシン酸（IMP）………*22, 39, 40, 106*
煎り酒 ……………………………………*97*
A.E.C 値 …………………………………*25*
Hx 値 ……………………………………*25*
エキス成分 ………………………………*9*
SDS ポリアクリルアミドゲル電気泳動
　…………………………………*66, 67*
Xt 比 ……………………………………*26*
大村ずし ………………………………*119*

【か行】

海水処理 …………………………………*76*
解凍 ………………………………………*99*
硬さ ……………………………………*20, 66*
加熱 ………………………………………*93*
菊盛り ……………………………………*91*
基質タンパク質 …………………………*36*
キャッチ機構 ……………………………*78*
急速解凍 ……………………………*108, 109*
急速凍結 ………………………………*107*
急速冷凍 ………………………………*108*

筋肉軟化 …………………………………*32*
苦悶死 …………………………………*15, 24*
グリコーゲン ………*48, 49, 51, 52, 78, 79*
K 値 ………………………………………*21*
K' 値 ……………………………………*25, 93*
抗酸化活性 ………………………………*10*
抗酸化成分 ………………………………*9*
硬直 ……………………………*14, 15, 16, 102*
硬直指数 …………………………………*17*
高度不飽和脂肪酸 ………………………*8*
高付加価値化 …………………………*135*
コネクチン ……………………*28, 31, 32, 67*
コラーゲン………*32, 33, 36, 37, 41, 43,*
　55, 62, 63, 69, 70, 73, 77, 84, 85, 86, 131

【さ行】

酒ずし……………………………*119, 121*
さしみのつま ……………………………*94*
さしみ包丁 ………………………………*86*
さば街道 ………………………………*125*
JAS 法 …………………………*137, 140*
塩じめ …………………………………*121*
死後硬直 ……*15, 100, 102, 107, 108, 135*
自然解凍 ………………………………*109*
しめさば ………………………………*124*
霜降り ……………………………………*92*
斜紋筋 …………………………………*29, 73*
熟成 ………………………………………*38*
旬 ……………*44, 45, 46, 48, 52, 75, 77, 78*
醤油 ………………………………………*96*
ジンゲロール ……………………………*95*
杉盛り ……………………………………*89*
すし ……………………………………*116*
酢じめ …………………………………*121*
生活習慣病 ………………………………*8*

生活習慣病予防効果 ……………………9
鮮度 ……………………………………17
鮮度変化 ………………………………15
鮮度保持 ………………………………15

【た・な行】
タウリン …………………………………8
たこひき ………………………………86
たたき …………………………………113
血合筋 …………………………………26
テクスチャー ……………38, 41, 57, 84
ドコサヘキサエン酸（DHA）………7, 8
トレーサビリティ ……………………139
トロポニン ……………………………31
トロポミオシン ………………………31
ネブリン …………………………28, 31, 32

【は行】
破断応力 ………………………………54
破断強度 ……………………………20, 66
破断力 …………………………………54
バッテラ …………………………117, 119
パラミオシン …………………………57

平盛り …………………………………89
品質採点シート ………………………18
節盛り …………………………………89
普通筋 …………………………………26
ブランド魚 …………………………135
分解 ……………………………………32
保水性 ……………………38, 54, 106, 131
牡丹盛り ………………………………91

【ま行】
祭りずし ……………………………119
ミオシン …………28, 30, 31, 72, 112, 123
ミョウバン水処理 ……………………77
メチルチオブテニルイソチオシアナート
……………………………………96
盛り付け ………………………………83

【や・わ行】
焼き霜 ……………………………92, 114
柳刃 ……………………………………86
湯霜 ……………………………………92
湯振り …………………………………92
わさびおろし …………………………96

「ベルソーブックス」刊行にあたって

　地球は水の惑星であり，その表面の70％は海です。人類は古来より，地球の生命を育む海にさまざまな恩恵を受けてきました。21世紀に向けて，いま直面する地球環境や人口，食糧問題等の解決に当たり，海は大きな役割を果たすものと期待されています。四方を海に囲まれた我が国は，古くから水産に関わる学問と文化を発達させ，この分野で世界の科学・技術をリードしてきました。

　社団法人日本水産学会では，創立70周年記念事業の一環として，私たちの生活と綿密な関係のある水産について，少しでも理解を深めていただくために，水産のあらゆる分野からテーマを選び，「ベルソーブックス」の名のもとに，全100巻のシリーズを刊行することにしました。

　「ベルソー」とはフランス語で星座の水瓶座（verseau）のことですが，フランスには"La mer est la berceau de la vie"（海は生命のゆりかご）という海洋生物学者モーリスフォンテーヌ教授の有名な言葉があります。この「ベルソー」の中にはverseauとよく似た発音のberceau（ゆりかご）の意も込めています。地球の水瓶，海を生命のゆりかごとして育った生物たち，それが海からの贈り物「水産物」です。

　このシリーズは，高校生や大学生，一般の方々に，水産に関するさまざまな知識や情報をわかりやすく，提供することをめざしています。

　本シリーズによって，一人でも多くの人が，水産のことに理解を深めてくだされば幸いです。

社団法人　日本水産学会

㈳日本水産学会　出版委員会（ベルソーブックス担当）委員

(敬称略，平成18年6月現在)

出版委員会委員長	左子芳彦（京都大学大学院）

出版委員会副委員長（ベルソーブックス担当）

　　　　　　　　　竹内俊郎（東京海洋大学）
　　　水産生物分野　金子豊二（東京大学大学院）
　　　漁業生産分野　東海　正（東京海洋大学）
　　　水産工学分野　古澤昌彦（東京海洋大学）
　　　水産環境分野　福代康夫（東京大学アジア生物資源環境研究センター）
　　　増養殖分野　　竹内俊郎（前　掲）
　　　資源管理分野　松田裕之（横浜国立大学環境情報研究院）
水産利用・加工分野　小川廣男（東京海洋大学）
水産経済・流通分野　多屋勝雄（東京海洋大学）
水産文化・歴史分野　森本　孝（元水産大学校）
　　　海洋科学分野　山本民次（広島大学大学院）
　　　調理・料理分野　畑江敬子（和洋女子大学）

執筆者略歴

畑江　敬子（はたえ　けいこ）

1941年（昭和16年）　生まれ。兵庫県出身。
1963年　お茶の水女子大学家政学部食物学科卒業。
1982年　同大学講師。
1984年　同大学助教授。
1997年　同大学教授。理学博士。
2006年　和洋女子大学教授。
　　　　お茶の水女子大学名誉教授。
　　　　現在に至る。

【主な著書】
「調理の基礎と科学」（編著，朝倉書店，1993）
「魚の科学」（共著，朝倉書店，1994）
「肉の科学」（共著，朝倉書店，1996）
「老化抑制と食品―抗酸化・脳・咀嚼―」（分担執筆，アイピーシー，2002）
スタンダード栄養・食物シリーズ6「調理学」（編著，東京化学同人，2003）
など。

ベルソーブックス023

さしみの科学―おいしさのひみつ―　　定価はカバーに表示してあります。

平成17年10月18日	初版発行	ⓒ2005
平成18年9月28日	再版発行	

著　者　畑　江　敬　子
監　修　㈳日本水産学会
発行者　㈱成山堂書店
　　　　代表者　小　川　實
印　刷　松澤印刷㈱

発行所　株式会社　成山堂書店
〒160-0012　東京都新宿区南元町4番51　成山堂ビル
TEL：03(3357)5861　　FAX：03(3357)5867
振替口座　00170-4-78174
URL　http://www.seizando.co.jp
E-mail　publisher@seizando.co.jp

Printed in Japan　　　　　　　　　　ISBN4-425-85221-4

全百巻 続々刊行中！

海と魚は21世紀のキーワード
ベルソーブックス

(社) 日本水産学会 監修

001 魚をとりながら増やす 東京大学海洋研究所教授 松宮義晴 著 186頁
＊限りある水産資源を絶やすことなく，効率良く利用するための考え方。

002 あわび文化と日本人 大場俊雄 著 186頁
＊食料や縁起物など，縄文時代から現代に至るアワビとの深い絆を紹介。

003 魚の発酵食品 東京水産大学教授 藤井建夫 著 164頁
＊微生物や酵素の知られざる働きと魚の伝統食品の関係を探る。

004 魚との知恵比べ 鹿児島大学水産学部教授 川村軍蔵 著 180頁
－魚の感覚と行動の科学－
＊魚が好きな色や音，匂いは？ 漁師も釣り人も知っておきたい魚の性質。

005 世界の湖と水環境 人間環境大学教授 倉田 亮 著 204頁
＊世界中を巡り，各地の代表的な湖やその周辺の自然・人の営みを紹介。

006 熱帯アジアの海を歩く 北窓時男 著 194頁
＊南海に浮かぶ「k」の字スラウェシ島の漁村を巡り，生活・文化を訪ねる。

007 音で海を見る 東京水産大学教授 古澤昌彦 著 196頁
＊光の届きにくい水中を，イルカのように音で見る技術を解説。

008 貝殻・貝の歯・ゴカイの歯 石巻専修大学助教授 大越健嗣 著 164頁
＊貝殻や歯は硬いだけじゃない。様々な機能や抗菌剤への利用等を解説。

009 魚介類に寄生する生物 養殖研究所 日光支所長 長澤和也 著 198頁
＊寄生虫は実はこんなに身近な存在で，しかも悪者ではなかった!？

010 うなぎを増やす (社)日本栽培漁業協会 廣瀬慶二 著 156頁
＊今なお多くの謎に包まれているウナギの生態，資源管理，種苗生産に迫る。

011 最新のサケ学 北海道東海大学教授 帰山雅秀 著 140頁
＊サケが高齢化，小型化している!？ サケの分類・生態から環境問題等を紹介。

012 海苔という生き物 東京水産大学教授 能登谷正浩 著 192頁
＊あなたは食べている海苔の正体を知らない。色・生態・形・進化の不思議。

013 魚貝類とアレルギー 東京水産大学教授 塩見一雄 著 178頁
＊魚や貝を中心とした食物アレルギーの正しい知識を知って健康な食生活を。

014 海藻の食文化 ノートルダム清心女子大学教授 今田節子 著 202頁
＊健康食で再発見！古代から現代へ続く日本人と海藻のかかわりを探究。

015 マグロは絶滅危惧種か　遠洋水産研究所　魚住雄二 著　194頁
＊ワシントン条約の精神と持続的利用の問題点をわかりやすく紹介。

016 さかなの寄生虫を調べる　東南アジア漁業開発センター魚病特別顧問　長澤和也 著　186頁
＊実体験をもとに「生き物」としての寄生虫の魅力を紹介するサイエンス・エッセイ。

017 魚の卵のはなし　マリノリサーチ㈱代表取締役　平井明夫 著　198頁
＊形も性質も異なる魚卵たち。生き残り戦略をかけた卵たちの興味深い生態を紹介。

018 カツオの産業と文化　愛媛大学教授　若林良和 著　202頁
＊生態，漁撈～消費，民俗，地域振興まで，カツオに関するすべてを紹介。

019 環境ホルモンと水生生物　神戸女学院大学教授　川合真一郎 著　184頁
＊雌の貝にペニス，雄になれないワニ…，すべての生き物の未来が危ない！

020 エビ・カニはなぜ赤い　京都薬科大学名誉教授　松野隆男 著　172頁
－機能性色素カロテノイド－
＊話題の赤い色素カロテノイドの有用性と魚介類との不思議な関係を探る。

021 水生動物の音の世界　長崎大学教授　竹村 暘 著　202頁
＊海は本当に静寂か？ 耳を澄ませば，生物たちの息吹が聴こえてくる。

022 よくわかるクジラ論争　小松正之 著　216頁
－捕鯨の未来をひらく－
＊クジラ資源の科学的解析と，クジラと人との関わりから，今後の捕鯨のあり方を考える。

023 さしみの科学　和洋女子大学教授・お茶の水女子大学名誉教授　畑江敬子 著　172頁
－おいしさのひみつ－
＊なぜさしみはおいしい？ よりおいしく食べる方法は？ 新鮮魚介類の知識が満載。

024 江戸の俳諧にみる魚食文化　東京水産大学名誉教授　磯 直道 著　192頁
＊一茶，芭蕉など多くの俳諧人が詠んだ魚介類の句から，江戸の魚食文化を眺める。

025 魚の変態の謎を解く　福山大学教授　乾 靖夫 著　162頁
＊ヒラメ，ウナギ，サケはなぜ変態する？ 姿を変える魚たちの謎を解く。

026 魚の心をさぐる　京都大学フィールド科学教育研究センター助教授　益田玲爾 著　158頁
－魚の心理と行動－
＊魚の行動に関する"なぜ？"を魚の心理的立場から解き明かす。

全巻　四六判・並製・定価1680円（5％税込）　　　（成山堂発行図書の目録無料進呈）